国家自然科学基金青年科学基金项目（项目批准号：71704129）资助成果
教育部人文社会科学研究青年基金项目（项目批准号：16YJC630109）资助成果

城市空间扩张度量、决定因素与边界管控研究

谭荣辉 著

中国财经出版传媒集团

图书在版编目（CIP）数据

城市空间扩张度量、决定因素与边界管控研究 / 谭荣辉著. —北京：经济科学出版社，2020.4

ISBN 978 - 7 - 5218 - 1407 - 1

Ⅰ.①城…　Ⅱ.①谭…　Ⅲ.①城市空间 - 空间规划 - 研究 - 中国　Ⅳ.①TU984.2

中国版本图书馆 CIP 数据核字（2020）第 047515 号

责任编辑：刘殿和
责任校对：刘　昕
责任印制：李　鹏

城市空间扩张度量、决定因素与边界管控研究

谭荣辉　著

经济科学出版社出版、发行　新华书店经销

社址：北京市海淀区阜成路甲 28 号　邮编：100142

总编部电话：010 - 88191217　发行部电话：010 - 88191522

网址：www.esp.com.cn

电子邮件：esp@esp.com.cn

天猫网店：经济科学出版社旗舰店

网址：http://jjkxcbs.tmall.com

北京密兴印刷有限公司印装

710×1000　16 开　12.5 印张　210000 字

2020 年 5 月第 1 版　2020 年 5 月第 1 次印刷

ISBN 978 - 7 - 5218 - 1407 - 1　定价：45.00 元

（图书出现印装问题，本社负责调换。电话：010 - 88191510）

前　言

自20世纪90年代以来，中国经历了社会经济的高速增长时期，城镇化水平不断提高，城镇化进程不断加速，城市建设用地面积呈现出加速扩张趋势。当前，我国常住人口城镇化率已超过50%，根据《国家新型城镇化规划(2014－2020年)》，2020年，我国人口城镇化率将达到60%。城镇人口的增加会继续保持对城市土地需求的压力。针对“十五”期间我国城镇空间扩展失控现象，国家在“十一五”“十二五”“十三五”期间多次强调要积极稳妥推进城镇化建设，然而目前我国高速城镇化态势仍未得到控制，城镇化速度与质量之间发展不协调，土地城镇化扩张速度远远大于人口城镇化扩张速度，“冒进”特征明显。2003年我国城市建设用地总面积为28971.9平方千米，2017年为55155.5平方千米，年均增长速度为4.8%，而我国城镇人口比重在此阶段的年均增速仅为1.29%。城市建设用地面积扩张速度远远超过城镇人口增长速度。从各年数据来看，2008年城市建设用地面积较2007年增长了7.67%，2012年城市建设用地面积较2011年增长了9.44%。城镇化速度过快引起的城市无序扩张、环境污染、资源过度消耗、耕地不断减少、土地粗放利用等问题日益凸显。在新型城镇化背景下，传统粗放的土地利用模式将难以为继。因此，在“十四五”期间，如何保证社会经济发展对城市土地需求的同时，对城市空间扩张进行实时监测与测度、深入了解城市空间范围动态扩张轨迹，探索城市扩张与自然、社会经济条件等因子之间的关系，从而洞悉城市空间扩张过程及驱动机理，以合理控制城市规模、划定城市增长边界、优化城市用地空间格局已成为当前城市管理的工作重点。

传统的城市扩张测度方法多针对单个城市，从城市扩张的规模、密度、速度以及形态等方面入手，而忽略了城市与城市之间由于城市扩张导致的城市吸引力、城市关联度、城市群均衡度以及城市扩张空间效应等方面的变化特征。在城市扩张驱动力研究中，现有的研究忽略了城市开发主体间的博弈影响。农地征收是中国农用地转变为建设用地的常用手段。农地征收过程是一种典型的利益再分配过程，在空间上表现为农用地转换为建设用地，其实质是关乎到中央政府、地方政府、开发商以及包括农村集体在内的相关主体背后的利益博弈。由于现行土地制度的设计，中央政府和地方政府在城市土地利用过程中话语权较大，过度重视土地利用经济效益而忽略土地利用综合效率，以及征地补偿机制的不完善侵蚀了农民应得的利益，使得主体间的博弈加剧了城乡土地市场的分割，扭曲了土地市场，诱发了土地开发的盲目性，导致土地滥用和浪费严重。新型城镇化的核心目标之一是致力于户籍与土地制度的创新，在此背景下，公众的权益将得到更好的保护。对于政府而言，新型城镇化背景下，土地利用目标将是集经济、生态、环境以及资源于一体的综合利用目标。因此，新型城镇化和经济转型期，城市土地开发主体间的博弈将突破以往的零和博弈，这种博弈结果在空间上影响土地利用格局。然而传统的城市空间扩张模拟远没有考虑到这种博弈机制对未来建设用地空间扩张的影响。在城市增长边界制定方面，传统城市边界划定模式主要是基于城市人口和人均建设用地两个指标，在20年规划期的基础上加上25%的上浮率以确定最终城市用地需求规模，结合定性分析、专家经验以及资源环境承载力评价确定未来城市用地空间分布，最终划定城市用地未来边界。新型城镇化背景下，随着产业升级与转型，工业集群化和现代服务业规模化协同升级以及产业国际化发展，未来城市用地比例中，工业用地比例将不断增加，人均建设用地面积指标在不同区域、不同城市间的差异将更加明显，已有城市建设用地边界不准确性和缺乏发展弹性的缺陷日益凸显，跨边界开发行为时有发生。与此同时，城市空间格局将不断优化，中心城区功能组合与空间布局将更加合理，新区建设将由单一生产功能向城市综合功能转型，人口与服务经济将更加集聚。传统的以人均建设用地面积指标确定城市增长边界的方法难以满足新型城镇化背景下城市用地空间管制需求。

因此，本书针对当前城市扩张测度指标体系多聚焦于城市尺度而不能较好测度城市群尺度城市扩张问题，从规模、密度、形态等13个维度构建了面向城市和城市群两个层次的多维度城市扩张测度指标体系，并对武汉城市圈和武汉市的城市扩张进行了多维测度。采用多期双重差分法证实了高铁建设与城市用地扩张的因果关系，考察了高铁建设对城市用地扩张的总体影响，同时区分高铁站开通（高铁从无到有）、高铁站点数量和高铁线路数量对区域城市用地面积的影响，并基于各城市区位的异质性，进一步分析高铁对我国不同区域城市用地扩张的影响差异。然后利用空间自回归模型在5千米格网和10千米格网的不同尺度上构建了城市空间扩张的空间驱动因子回归模型。最后利用博弈论分析了中国当前土地开发过程中政府、农民和开发商三者之间的博弈关系，并将这种博弈结果与元胞自动机相结合进行空间化显示，构建了基于城市扩张主体之间动态博弈与元胞自动机相结合的城市扩张模拟模型和基于主体之间静态博弈与城市居民住宅选择行为相结合的城市扩张模拟模型，对未来武汉市中心城区、武汉市江夏区的城市扩张进行了模拟，并划定了相应的城市增长弹性边界。最终得到以下结论：

（1）城市扩张测度结果表明：1988～2011年，武汉城市圈城市用地空间扩张明显，人口密度在逐渐降低的同时，城市斑块密度逐年递增且破碎化趋势明显；城市扩张速度仍然呈现上升趋势，扩张速度和密度区域内部有明显的差异，部分城市的城市用地规模增长弹性系数远高于合理值；城市用地斑块形态呈现破碎化、复杂化特征；城市扩张类型以外延型为主，在4个时间段内所占比例达到60%以上。城市扩张梯度曲线斜率的绝对值越来越小，表明建设用地面积比例降低的幅度逐渐增大。城市边界离城市中心越来越远。从人口和土地城市化水平来看，武汉城市圈从1988～2011年，城市化水平提升明显，二者之间的协调度逐渐降低，土地城市化速度远大于人口城市化速度；扩张社会经济效应逐渐上升，而生态环境效应在一个范围内波动，其耦合效应并未随着社会经济效应的增长而提高。从均衡度来看，土地表征的位序—规模指数表明武汉城市圈均衡度是先上升后下降，但人口表征的位序—规模指数却是越来越均衡。城市间吸引力越来越均衡。从空间集聚度来看，城市扩张强度的高高集聚和低低集聚并不明显，城市空间扩张主要围绕几个城市展开。与此同时，扩张所导致的空间关联效应越来越强，大城市的辐射作用范围越来越广。

（2）高铁从无到有、多建设一个高铁站与多开通一条高铁线路都会显著促进城市用地的扩张。高铁首次开通对城市用地扩张的影响依赖于城市经济、产业与人口发展水平，城市发展越好，高铁首次开通对城市用地扩张的正向影响越大。高铁对我国城市用地扩张的影响存在区域异质性。其中，东部地区的高铁首次开通会显著促进城市用地的扩张，而中西部城市高铁建设对城市用地扩张的影响并不显著。

（3）城市扩张空间驱动因子回归分析结果表明：在5千米和10千米两个尺度上，城市扩张的变化均呈现出空间自相关性。自然物理因子和空间驱动因子都对城市扩张导致的形态变化产生了较大的影响，并随着时间和空间尺度的变化而变化。在诸多影响因素中，各个级别的道路对城市形状和密度的变化都有一定的影响，到铁路的距离和到公路的距离并没有对城市增长总面积产生明显的影响，城市中心对斑块密度的影响逐渐增强，而对城市用地总面积的变化影响则逐渐减弱。因此，本书建议在制定区域土地利用规划或者交通网络规划之前，开展道路网对城市扩张影响的深入研究有助于未来制定更加因地制宜、行之有效的规划方案和土地利用政策。

（4）基于博弈论的复合城市扩张模型模拟结果表明：将元胞自动机模型和博弈论模型相结合，既利用了其自下而上的自组织发展规律形成整体变化的特点，又能将政府、土地拥有者和城市土地开发商三者集体博弈行为纳入模型之中，提高了模型模拟精度，对武汉市 2013 年的城市用地空间分布模拟结果显示，与真实城市空间分布相比，其模拟精度 kappa 系数大于 0.7，证明该复合模型对未来城市扩张的模拟具有较高可信度。对 2023 年武汉市中心城区城市扩张模拟显示，到 2023 年，武汉市中心城区城市建设用地将至少要达到 442.77 平方千米，几乎是 2003 年的 2 倍，大部分新增城市用地主要以内填式和边缘扩张式为主。利用 SCGABM 模型对武汉市郊区江夏区的模拟结果显示，到 2023 年江夏区的城市用地面积有望增加到 375.19 平方千米，江夏区仍将保持快速城市化过程，而新增城市用地将主要集中在长江沿岸。总体而言，SCGABM 模型能够较好地模拟快速城市增长区域的城市扩张，模型的生产者精度、用户精度、总精度和 Kappa 系数分别为 0.84、0.84、0.90 和 0.85。SCGABM 模型利用博弈论解释土地开发过程中的人类集体决策行为，能有效模拟和呈现城市扩张的时空动态格局，并据此制定科学合理的城市增长弹性边界。

谭荣辉

2020 年 1 月

目　录

第1章 绪　论

1.1 研究背景与意义

人类赖以生存和繁衍的地球及其环境随着时间不断变化。到2030年，中国和印度将拥有世界1/3的城市人口，我国工业化和城镇化将进入加速发展阶段。快速城镇化进程推动经济突飞猛进的同时，也带来了区域发展所面临的空间结构失衡、国土开发无序、资源过度利用等问题。城镇化是指农村人口不断向城镇聚集、农村经济向城市转变的过程（黄亚平，2011）。城镇化的发展水平关系到经济结构调整、企业发展、交通、通信、基础设施、资源、文化环境、产业、金融政策及城镇规划等问题。2006年，《国家中长期科学和技术发展规划纲要》首次将“城镇化”作为重点研究领域，标志着我国城镇化研究正式进入国家战略层面（吴志强等，2011）。尽管2004年以后我国城镇化速度已经明显减缓（王建军和吴志强，2009），但未来中国城镇化依然面临资源环境、就业和收入差距、区域发展不平衡等问题（叶耀先，2006）。城镇化速度过快引起的城市无序扩张、环境污染、资源过度消耗、耕地不断减少、土地粗放利用等问题日益凸显。如何应对社会转型时期的城镇化，如何衡量不同时期城镇体系的发育状态，如何实现中国城镇化多重地域结构的共生发展，如何协调城镇化过程中各要素协同发展是当前中国城镇化进程中亟待解决的四大问题。适时了解城市扩张的性质、阶段、趋势，及时掌握其存在的问题及影响因素，精确模拟其未来发展方向是当前城镇化国情监测的主要任务与目标。

城市扩张是一个世界现象和热点话题。作为世界上最大的发展中国家，改革开放以来，中国的城镇化空间扩展失控现象极其严重，土地城镇化的速度远远大于人口城镇化的速度，“冒进”特征明显（陆大道，2007）。在此背景下，只有充分了解城市扩张蔓延的特征，深入挖掘城市扩张的驱动机理，科学合理预测城市扩张的态势，才能提出切实可行的管控策略，以有效遏制中国目前城镇建设用地的盲目扩张和无序蔓延。尽管国内外许多学者都对中国的城市扩张从不同的研究视角、不同尺度的研究对象进行了广泛而卓有成效的研究工作，然而鉴于中国城镇化进程的特殊性，针对中国城市扩张的测度、机理、模拟及调控等方面的理论基础仍有待于补充及加强，针对中国城市扩张案例库，特别是针对近期中国中西部地区快速城市化区域的研究案例仍有待挖掘。因此，本研究具有重要的理论意义及实践意义。

（1）将扩展和深化城市扩张的内涵。城市蔓延现象最早发生在欧美国家，并在第二次世界大战后成为西方国家城市中的一种普遍现象。城市用地在空间上的蔓延产生了诸如土地利用低效、资源环境破坏及耕地流失等问题。在20世纪80年代以后，城市蔓延成为西方学者关注的热点问题之一。城市扩张因具有多维性、动态性，其驱动机理包涵自然、社会、经济及政策等多方面的作用而使其定义十分困难（Bhatta et al.，2010）。国外学者从不同的视角对城市蔓延的定义及内涵进行了不同的研究尝试，并在此基础上提出了“理性增长”“精明增长”“紧凑型城市”等概念。尽管如此，迄今为止，城市蔓延尚未在学术界形成一个统一、完整的标准。中国的城镇化进程与西方发达国家相比起步较晚，但速度较快。近10年来，中国的城市化空间失控现象极其严重。由于国内学术界对我国城市蔓延的基础理论、测度方法及控制策略等研究涉足较晚，再加上我国与国外城市扩张的特征、内在驱动机制等国情的不同而差别较大，因此有必要在梳理当前国内研究的基础上同时与国外的相关研究进行对比分析，以对我国的城市扩张的特征、内涵进行深入挖掘。

（2）将丰富和完善城市扩张的定量测度及评价。概念的不明确和多特征使得定量测度城市扩张十分困难（Hoffhine et al.，2003）。当前国外测度城市扩张的方法主要有分形维度测算、美学程度度量以及蔓延指数法（张坤，2007）。国内的研究方法主要集中在对城市空间扩展和城市空间形态测度两方面（冯科等，2009）。然而现有的这些方法除了自身存在缺陷之外，还未能体现城市扩张多维度、多尺度这些特点。无论是指标测度法还是分形维度测算法，当前研究大部分集中于对中观尺度的城市扩张进行刻画，缺乏微观层次的案例分析。在当前新型城镇化和城乡一体化背景下，我国的城乡二元结构决定了对乡镇、街道尺度的城市建设用地扩张进行定量测度研究的必要。

除此之外，对城市扩张所产生的社会、经济和生态环境等方面的综合影响缺乏评价。因此本书将借助已有的研究，结合国内的实际情况，试图从区域、城市、区县等三个尺度入手构建一套适用于测度中国城市扩张的多尺度测度指标体系；从社会效应、经济效应、环境效应以及生态景观格局效应等四个方面构建一套城市扩张评价指标体系，以期丰富和完善当前城市扩张定量测度和评价技术体系与理论方法。

（3）将推动和促进城市扩张的驱动机理研究。驱动城市扩张的因素较多，主要有人口、经济增长、政策制度的改变以及自然环境条件等。针对这些不同因素的讨论，国外对城市扩张驱动机理的研究逐渐形成了经济学派、制度学派和经验学派（陈洋等，2007；高金龙等，2013）。发达国家的城市化是一个人口转移与经济结构变化逐步相适应的平滑过程，而发展中国家的城市化过程普遍表现为工业化滞后于城市化，就业增长与人口增长不相适应。中国的城市化过程既不同于西方发达国家也不同于第三世界国家，目前还未有完全符合中国城市化模式和机理的理论可供借鉴（顾朝林，2003）。除此之外，对于探求城市扩张影响因素的计量模型，以往的研究没有重视变量之间的空间自相关性和变量的尺度效应。因此，本书拟运用 GIS 和动态时空建模技术，在不同尺度上定量挖掘影响中国中部地区城市扩张的影响因素，并综合各学派理论，分析中国城镇化特定历史背景下城市扩张的驱动机理。

（4）将创新城市扩张模拟模型和方法。城市系统是一个具有开放性、动态性、非线性、自组织性等特征的复杂巨系统。人口、交通、土地利用等子系统之间的关系错综复杂，并通过非线性作用和自组织方式在更大尺度上产生非叠加的功能、结构与行为，从而促使城市不断演化（张伟等，2012）。目前的城市扩张模型在模拟城市扩张规模及空间分布的动态行为过程方面取得了丰硕的成果。城市土地利用演化是空间微观个体相互作用的结果，同时也受到宏观社会经济及政策的影响。从微观个体的行为入手，在高时空分辨率下耦合多种模型模拟城市扩张是未来城市扩张模拟的方向。然而现有的研究对城市扩张因子间的反馈机制及相互作用的研究较为缺乏。除此之外，在中国当前特定的土地产权和土地市场条件下，当前模型对政府、开发商和农民间这一直接影响城市土地利用转换的博弈行为尚未涉足。因此，本研究将耦合元胞自动机和多主体模型，并将博弈论的理论用于研究主体间的相互作用及集体策略研究之中，从而促进和推动城市扩张定量模拟和理论研究。

20世纪80年代以来，快速的城市化带来了一系列资源与环境问题，如优质耕地流失；城市规模不断扩大但城市土地利用效率低下；开发区建设速度与规模日益增长但土地浪费十分严重；城市增长模式不合理，外延式、“摊大饼”式增长模式居多，内部空间结构不合理等。受益于“西部大开发”和“中部崛起战略”，武汉城市圈最近10年城市建设快速发展，城市扩张十分明显。武汉市作为全国少有的拥有城中湖较多的城市，大量的湖泊被城市用地侵占，生态环境受到破坏与威胁。与此同时，武汉相对于中国其他一线城市而言，经济总量及城市基础设施建设仍然处于工业化中后期，同时后备土地资源较为缺乏。因此，探求转变城市发展模式，推动城市空间合理布局，对促进武汉市在新型城镇化背景下长远发展具有重大实践意义。本书主要以武汉城市圈为例，利用遥感数据源及时、准确地监测城市的面积与空间范围；分析城市扩张的时空特征、演变过程，科学评价城市扩张的效应；探讨其驱动因素，以此合理预测城市扩展的规模、方向和模式，对于准确诊断城市建设中所存在的问题，优化城市发展战略，引领我国中部城市健康发展具有重要的实践意义。

1.2 国内外研究进展综述

1.2.1 城市扩张测度

城市扩张可以在一个相对和绝对的尺度上进行度量。绝对地度量城市是否蔓延或者扩张是十分困难的，因为目前国内外学者都还未能设定一个精确的阈值来作为城市是否蔓延或者扩张的精确标准，因此，目前国内外大多数测度城市扩张的方法都属于相对测度方法。这些方法大致包括分形维度测算、美学程度度量以及蔓延指数法（张坤，2007）。分形维度测算能有效地刻画城市内部部分高度聚集、部分分散空置的空间形态，但分形测算难以包含人口、就业等社会经济指标。美学程度度量法主观性较强，而且定量测算困难。指标测度法可以从不同维度、不同的研究目的来设定，适用性强，覆盖面广，是定量测度城市扩张的主流方法。

1. 单维度指标

人口与土地利用指标是西方国家早期用来测度城市扩张最直接的指标。

2001年出版的《美国城市扩张指数》利用城市区域外围人口占城市区域人口的比例以及该比例在1990~1999年的变化率来度量美国城市的蔓延度（El Nasser and Overberg，2001）。该项研究表明：纳什维尔得分超过478分，是美国扩张最快的城市。而纽约和洛杉矶分别只得到82分和78分。与此同时，利昂·科兰基维奇和罗伊·贝克也利用美国调查局的数据对美国100个最大城市1970~1990年城市用地蔓延情况进行了研究，他们指出，要想有效减少城市蔓延对生态环境的破坏及农地资源的流失，就必须严格控制人均建设用地增长和人口增长这两个基本指标。威廉·富尔顿等则利用人口密度指数对美国大城市在1982~1997年的城市蔓延进行了度量。他们指出美国调查局对城市规模大小的定义有误，同时他们的研究认为：美国城市用地面积增长的速度远远大于人口的增长速度；高密度城市聚集区多集中在美国西部；当人口高速增长，城市严重依赖供排水系统以及大量外来移民时，城市化将会消耗更少的土地。反之，当城市内部密度较高并且政府部门离散分布时，城市化将会消耗更多的土地。爱德华·格莱泽和马修·卡恩（Glaeser and Kahn，2001）则认为就业的中心化程度是衡量城市扩张的重要指标。他们利用美国调查局的县级商业数据详细调查了离CBD中心3英里、3~10英里、10~35英里环状带的就业数量，并用各环状带中的就业数量占整个数量的百分比来定义4种城市区域：密集区、中心区、离心区以及极度离心区域。然而，单纯用就业指标来衡量城市扩张没有用居住区的分布模式来衡量更具说服力。这是因为在美国，居住区所占用的城市用地远远大于就业所占用的城市用地规模，并且商业用地通常较为集中，而居住用地则相对分散。拉斯·洛佩斯和帕特里夏·海因斯（Russ Lopez and H. Patricia Hynes，2003）在分析前人研究的基础上提出：一个好的度量城市扩张的指数应当具有以下特征：（1）可以定量测度及通用性强；（2）客观的；（3）独立性强。除此之外，指标还应当简单易用且能被很好地解释说明。另外他们还认为密度是衡量扩张与否的重要指标，而且居住密度比人口密度能更好地反映美国城市扩张的情况。为此他们建立了一个新的蔓延指数：$SI_i = (((S\%_i - D\%_i)/100) + 1) \times 50$，其中，$S\%_i$为高密度区的人口比例，$D\%_i$为低密度区的人口比例。综上所述，这一研究通常采用人口或者土地面积及其二者的扩展等单一指标来度量城市扩张的程度。采用单一指标度量城市扩张的优点是简单易行。但缺点相对突出，主要有：（1）城市扩张具有多维性，单一的指标不能反映城市扩张内在的复杂特征；（2）仅用人口密度或者人均建设用地指标等同于城市扩张的程度有失偏颇，有时甚至会得出错误的结论；（3）纯粹的人口和土地利用指标忽略了城市扩张对社会经济的影响；（4）利用人口指标衡量城市扩张与否在世界范围内不具有通用性。大部分发展中国家并没有像美国那样具有精确而且现实的人口调查数据。

2. 多维度指标

尽管城市扩张随着时间和区域的不同而有所差别，但城市地理学家们普遍认为城市扩张具有以下特点：低密度，造成不同土地利用类型的分割，蛙跳式发展，商业带状发展，对小汽车十分依赖，就业离心化，城市郊区及农用地、公共开放用地流失，景观破碎等（Kolankiewicz and Beck，2001；Ewing，1997，2008；Ewing and Pendall，2002；Burchell，2003）。基于以上特征，不同的学者尝试构建多维度指标体系度量城市扩张。保罗·托伦斯和马里纳·艾伯蒂（Torrens and Alberti，2000）在总结前人研究的基础上提出了从密度梯度曲线估计、分散度几何计算、分形维数计算、接近度计算以及城市扩张的生态环境影响评价等方面来综合定量测度城市扩张。尽管这些指数一定程度上能比较全面地刻画城市扩张的特点，但其中许多指标计算复杂，难以用来进行实证研究。美国罗格斯大学的里德·尤因和罗尔夫·彭德尔教授利用主成分分析法从众多城市扩张相关指标中剥离出居住密度，居住、就业和服务业的混合程度，中心区的强度以及道路的通达性四方面的指标，然后将四项指标得分之和以城市总人口标准化来代表最终的城市扩张指数（Ewing and Pendall，2002）。乔治·加尔斯特等（George Galster et al.，2001）则从密度、连续性、集中度、集聚度、中心性、多核性、土地利用多样性以及接近度八个方面重新定义了城市蔓延的内涵，并由此设计了8项指标以美国13个城市化区域进行了实证研究，利用GIS技术，他们对每一个指标都进行了精确的计算，该方法认定如果以上8个指标中部分指标得分较低就意味着城市土地利用处于分散蔓延状态。该指标体系不仅度量了城市蔓延的结果而且描述了城市蔓延的原因，且指标之间不存在信息重叠，因此乔治·加尔斯特等人的此项研究结果已成为城市扩张领域最具代表性的成果之一，但与此同时，该研究无法定量计算城市蔓延的一个重要特征：土地利用分割程度对通达性的影响。宋彦和格瑞特·扬·克纳普（Song and Knapp，2004）从城市形态入手，从城市内部街道的设计及循环系统、居住密度、城市内部土地利用混合程度、公共设施接近度和行人通道5个方面构建了一套街区层面的城市扩张测度指标。该指标体系是现有城市扩张定量测度研究中少有的以独立住宅街区为研究对象的微观实证研究。约翰·哈斯（John E. Haase，2002）在研究美国新泽西州的城市扩张时提出了一项更为广泛的城市扩张地理空间度量指标体系。这些指标包括：密度，蛙跳式开发，土地利用分割，区域规划的不一致性，带状沿高速公路发展，道路基础设施的无效率程度，替代交通工具的难以接近性，社区节点的不可接近性，土地资源的消耗程度，敏感公共空间的被侵占，不透水面的影响以及城市扩张轨迹。除了以上研究之外，许多学者还利用 GIS 空间分析技术与计量经济学相结合，从增长率、密度及空间配置三方面耦合人口、就业、交通、资源消耗、建筑美学和生活质量等方面的指标对世界各地不同城市的城市扩张情况进行了研究（Yeh and Li，2001；Sutton，2003；Jat et al.，2008；Batisani and Yarnal，2009；Thompson and Prokopy，2009；Müller et al.，2010；Zanganeh Shahraki et al.，2011；Vermeiren et al.，2012；Inostroza et al.，2013；Salvati et al.，2013）。多维度指标能更加全面地反映城市扩张的不同属性，但过于繁琐的指标有可能带来数据量过大，实际验证中可操作性降低，不同的指标有可能具有重叠的信息量等缺点。除此之外，以上研究多采用单个城市作为最基本的研究单元，能够有效地指导城市的宏观发展，但不能很好地监测、度量城市内部的空间结构变化，对于城市建设的微观指导不具有实际意义。

3. 景观格局指数

景观格局是指大小和形状各异的景观要素在空间上的排列和组合，是各种生态过程在不同尺度上作用的结果（郑新奇和付梅臣，2010）。景观格局指数能高度浓缩景观的空间结构与配置信息。从景观生态学的角度来看，城市扩张在空间上呈现出城市景观以扩散—集聚的过程替代原始自然景观的过程。而景观格局指数对于这种时空格局转换具有强大的刻画能力，因此近年来被众多城市地理学家引入城市扩张方面的研究（Botequilha Leitão and Ahern，2002；Herold et al.，2002；Herold et al.，2003；Herold et al.，2005；Ji et al.，2006；Aguilera et al.，2011）。景观格局指数在量化城市扩张，城市景观破碎度等方面具有十分重要的作用（Hardin et al.，2007）。蔡玉新（Yu-Hsin Tsai，2005）将用于量化城市扩张中的景观格局指数分为三大类：密度类、多样性类及空间结构类。但这种划分并不合理，因为有些密度及多样性指数本身与空间结构有关，如建筑密度、斑块密度及土地覆盖多样性等。什洛莫·安吉尔等（Shlomo Angel et al.，2007）定义了城市扩张的5种特征，并对每种特征用对应的景观格局指数进行度量。但是与大多数学者一样，他们也没有对每个指数设定阈值以明确城市是否扩张或蔓延，并且难以对这些指数的计算结果进行解释，而且指数之间计算出的结果还有可能相互矛盾。赫罗德在总结了前人用景观格局指数分析城市扩张过程的研究之后，对该方面的研究对数据的时空精确性的要求进行了总结，并对景观格局指数的选取进行了分析（Herold et al.，2002，2003，2005）。他们的研究突出了利用GIS、RS和景观格局指数相结合测度城市扩张的重要性，但与此同时他们也认识到目前还未能有一套最适合用于度量城市扩张的指数集。卡伦·塞托和麦克海尔·福瑞凯斯（Karen C. Seto and Michail Fragkias，2005）利用缓冲区为基本单元并选取总面积、边界密度、面积加权平均斑块分形维数及斑块数量等指数对中国广东省四大城市的城市形状及扩张轨迹进行了研究，结果表明利用景观格局指数对城市扩张进行分析比仅使用城市增长速率要更加有效和完善。尽管以上研究都表明使用景观格局指数测度城市扩张是行之有效的，但许多学者也指出了其不足之处，主要有：（1）许多景观格局指数之间具有相关性，存在信息重叠冗余；（2）指数算出的结果难以解释，并且也不能给出城市有还是没有扩张或蔓延的确定结论；（3）不同的指数可能产生完全相反的结果；（4）指数本身对空间分辨率十分敏感；（5）有些指数的统计属性到目前为止还不明确，一旦没有多时相的值进行比较，单一的值无法表明景观结构变化到底处于何种程度。

中国的城市化、工业化远远晚于西方发达国家，20世纪80年代以来中国城市建设用地才进入快速增长阶段，再加上国情的不同及学术界对城市蔓延的不够重视，国内对城市扩张定量测度的理论及方法研究较为薄弱，大多数研究多集中于对城市空间扩展模式和空间形态定量测度（张坤，2007）。蒋芳等从城市空间结构、城市扩张效率和城市扩张外在影响三方面构建了涉及土地利用、人口、GDP、交通等13个定量测度城市扩张的指标体系，并以北京为例进行了实证研究（蒋芳等，2007）。李晓文等通过网格样方法对上海市1987～2000年城市扩张强度进行了研究，并对其空间分异规律进行了分析（李晓文，2003）。马荣华等以扩展面积、扩展强度指数、分形维度指数及城镇用地重心指标对江苏省常熟市的城区、城镇及独立工矿用地扩展进行了分析，揭示了我国苏南地区城镇建设用地的空间扩展规律（马荣华，2004）。王新生等利用分维数、紧凑度和形状指数对中国31个特大城市的空间形态进行了计算，并将城市扩展类型划分为填充型和外延型，然后分别计算两种类型在1999～2000年的比例，他们的研究表明城市扩展类型与城市空间分维数、形状指数和紧凑度指数之间有一定的相关关系（2005）。他们还将凸壳原理引入城市扩张模式识别中，对如何定量确定城市扩展类型进行了补充（刘继远等，2003）。程兰等则认为凸壳原理对“蛙跳式”和“卫星城”式等非连续的扩展类型无法定量计算，同时他们指出现有研究缺乏对扩展类型的空间直观表达，且缺乏对斑块尺度上城镇扩张类型的精细研究（程兰等，2009）。除此之外，利用景观格局指数与GIS和RS相结合定量刻画城市扩张模式，探讨城市景观格局时空转换过程与生态过程之间的相互关系也成为近年来国内城市扩张研究中的一个热点（曾辉等，2004；刘小平等，2009；杨振山等，2010；张金兰等，2010；韦薇等，2011）。总体来讲，国内对城市扩张定量测度研究具有以下特点：（1）对区域及国家尺度的城市扩张通常以研究规模和速度为主，且二者都表现出明显的空间分异规律。就扩张规模而言，中国的城市扩张主要集中在特大城市；东部沿海城市扩张速度远大于中西部地区，中部地区城市扩张规模最小；京津冀、长三角和珠三角城市群是中国城市扩张的核心区域。（2）对单个城市的用地扩张不仅关注其规模和速度，还十分注重扩展类型的研究，扩展类型的测度方法参考国外研究而来。将不同时期的扩展类型和相当长的一个时期内城市空间化扩张进程相结合定性分析城市化动态过程成为当前研究的主流，而对不同类型对城市生态环境的效应分析，借此在微观层面指导城市规划布局的研究相对缺乏。同时缺乏对城市扩张导致的城市与城市之间的关联效应指数分析。

1.2.2 城市扩张驱动机理

明确城市空间增长驱动机理是城市增长弹性边界模拟的先决条件。对城市增长边界形成机理的研究主要来源于区位选择理论、公共服务选择理论和住房投票人假说理论。

1. 区位选择理论：单中心城市模型

最早全面、系统地阐述城市蔓延内在驱动机制的是著名区域科学家威廉·阿隆索（William Alonso，1964）。阿隆索将冯·杜能（von Thuen）关于孤立国农业区位理论引入到城市土地利用的分析之中，形成了经典的单中心城市模型（monocentric city model）。单中心模型阐述了城市空间不断蔓延的内在机制。在单中心城市模型中，所有城市都被理想化为仅有一个城市商务中心的均质面；城市空间结构的形成是城市土地价值与居民通勤费用在空间距离上的均衡（Brueckner，1987；Geshkov and DeSalvo，2012）。因城市仅有一个商务与就业中心，城市商务中心附近的城市空间有限，在居民数量和居民收入一定的情况下，因城市通勤费用与通勤距离成正比，为了就业的方便，多数居民更愿意居住在中心附近，造成了城市中心附近土地需求大于供给的状况，城市商务中心附近的土地价值因此更加昂贵，越远离城市商务中心，土地面积越广阔，土地价值越低。当城市边缘区的土地价值远低于从该区位到达城市中心的通勤费用时，低收入居民为了节省住房租金和享受更广的居住空间而选择居住在城市郊区，造成了城市蔓延。因此，根据单中心城市理论，城市是否蔓延主要由人口数量、居民收入、某一区位的城市中心可达性和农用地价值来决定。从微观经济学的角度来讲，当城市用地的边际收益总是大于农业用地时，城乡之间的用地转换不可避免。从宏观经济学的视角来看，只要有对城市用地的刚性需求，城市就有不断向外拓展的可能。而经济总量的增长、人民生活水平的不断提高、交通条件的改善及城市公共设施和基础设施的不断完善等又催生了社会对城市用地的需求。

20世纪80年代以前，国外学者对城市扩张发生的原因主要依据自己的经验判断。罗伯特·哈维和克拉克（Harvey and Clark，1965）在《城市扩张的自然与经济属性》（The nature and economics of urban sprawl）一文中指出垄断竞争对手的独立决策行为、土地市场的投机行为、自然地形条件、公共管制、交通环境、公共政策及税收都是促进城市蔓延的重要因素。尤因则认为收入的增加，技术的进步及交通便捷度的增加可以归结为北美国家城市扩张的主要原因（Ewing，2008）。收入的增加使得人们有更多的资金用于出行和改善居住环境。汽车拥有量和高速公路里程的增加促进了人们与外界的联系，迫使城市边界不断外移，同时使得居住密度呈梯度递减。除此之外，人口的增长及离心化使得社会生产活动向外扩散，从而导致城市不断蔓延。哈比比和阿萨迪（Habibi and Asadi，2011）在分析了美国、欧洲和亚洲等国家的城市扩张特点后，从经济、人口、居住、交通及市中心的一些问题总结了城市扩张的原因。他们认为城市蔓延是收入及人口增长，交通条件的改善，土地使用者的多样化及土地使用权竞争激烈的结果。除此之外，高税收，犯罪率的增加，基础设施的陈旧，市区教育中心的增加等加强了城市蔓延的步伐。

尽管影响城市扩张的因素众多，但归根结底，人口及居民收入的增加、低廉的土地价格、便捷的交通条件是促进城市蔓延最重要最直接的因素，如表1.1所示（Habibi and Asadi，2011）。

表1.1 城市扩张的影响因素

因素	因子
经济	经济增长及收入增加
	土地价格
	补助金及补贴
人口	人口增长
居住	人均居住空间增加
	居住选择的多样性
交通	私人小汽车的增加
	低廉的通勤费用
	交通条件的改善
	道路的可达性增加
市中心问题	高税收
	基础设施陈旧及损坏
	较少的公共中心
	小公寓居多
	公共开放空间的缺乏
其他	其他社会原因
	技术创新及公共设施和基础设施

布吕克纳和大卫·范斯勒（Brueckner and Fansler，1983）利用了古典经济学理论中的单中心城市模型对引起城市蔓延的变量进行了实证研究，结果表明人口、收入及农用地的租金与城市蔓延紧密相关。但也有学者认为，居民收入水平的提高不一定会驱动城市用地的需求，特别是当土地需求收入的弹性高于通勤成本的收入弹性，但大多数学者都认为居民对住房需求的收入弹性一般高于通勤成本的收入弹性，因此，居民的收入水平的高低一定程度上决定了城市密度的大小（Wheaton，1974）。部分学者还试图利用计量经济学模型来解释经验学派中的因变量与城市扩张的关系。卡伦·塞托和罗伯特·考夫曼（Seto and Kaufmann，2003）利用面板数据和经济模型对中国长江三角洲地区城市扩张的社会经济驱动因素进行了估计，他们的研究结果表

明外商直接投资特别是对工业发展的大规模投资，以及农用地和城市用地产出的比值是该地区城市扩张的主因。卡伦·塞托和麦克海尔·福瑞凯斯（Seto and Fragkias，2005）还采用荟萃分析法对全球326个城市的扩张驱动力进行了分析，得出了在中国，几乎一半以上的城市扩张与人均GDP直接相关，但是在印度和非洲，人均GDP对城市扩张的影响力就没有在中国这么大。除此之外，将城市扩张的驱动力分为自然、社会经济、领域及政策四大类，然后利用不同的统计回归模型来识别其对城市扩张的贡献大小也是当前研究城市驱动力的一大热点（Dendoncker et al.，2007；Hietel et al.，2007；Dewan and Yamaguchi，2009；Reilly et al.，2009；Thapa and Murayama，2010；Dubovyk et al.，2011；Haregeweyn et al.，2012）。经济学派不仅能很好地利用经济学理论解释城市扩张的内在机制，也能较好地建立计量模型来表达驱动变量与城市扩张之间的关系，并定量测度各种变量对城市扩张贡献的大小。经济学派认为城市扩张是市场经济的结果，是市场条件下市场的自发力及市场失灵的产物。从微观经济学的角度来讲，当城市用地的边际收益总是大于农业用地时，城乡之间的用地转换不可避免。从宏观经济学的视角来看，只要有对城市用地的刚性需求，城市就有不断向外拓展的可能。而经济总量的增长，人民生活水平的不断提高，交通条件的改善及城市公共设施和基础设施的不断完善等又催生了社会对城市用地的需求。但经济学派对影响城市扩张至关重要的政策及各种规划往往涉足较少。尽管对单个城市而言，经济学派的理论具有较强的说服力，但对城市群，城镇密集区等大区域城市蔓延现象，纯粹的经济学理论并不能充分解释其扩张机理。

国内针对城市用地空间扩张驱动力的研究主要是以土地利用调查数据、遥感影像解译数据和社会经济数据，通过建立计量经济模型来探讨引起城市土地利用变化的主导因子，并在此基础上进一步定性分析土地利用政策的宏观引导、经济产业结构调整、外商投资以及地方文化等其他因素对城市用地空间扩张的影响。鲁奇等对北京市1911～2001年的城市扩张进行了研究，并对北京市的常住非农业人口与建成区、郊区及远郊区的住宅面积变化进行了相关分析，得出了非农业人口与北京市城市不断向外扩张具有显著的相关性（2001）。与此同时，他们还认为随着新中国的成立，中国社会意识形态的改变、土地利用政策、制度的转变以及经济、科技能力的不断提升是影响北京市城市土地利用变化的人文社会因素。谈明洪等对20世纪90年代中国145个大中城市的新增城市用地与耕地的邻近度、城市建设用地增长的弹性系数进行了统计分析，并利用多元线性回归对城市扩张与其经济驱动因子进行了相关分析，结果表明：城市职工工资总额增长和城市第三产业产值与城市建设用地逐年增长具有较高的相关性，由此他们认为，第三产业的增长是90年代中国城市用地空间扩张的主因（谈明洪等，2003）。陈利根等建立了马鞍山市城镇建设用地数量与人口城市化水平和经济产业结构之间的计量经济模型，并对如何确定一个城市的合理增长规模进行了相关研究，研究发现人口和经济的发展对城市用地扩张具有正效应，而产业结构的调整反而对城市用地扩张具有负效应，这表明产业结构的调整有利于城市用地结构的优化及规模的集约化（陈利根等，2004）。部分学者则通过通径分析完全得出了与上述研究相反的结论，即在福建省和三峡库区，第二产业对城市用地扩张的影响要远大于第三产业（韦素琼和陈建飞，2006；曹银贵等，2007）。除此之外，曲福田等则从农地非农化的视角提出了非城市用地向城市用地流转是供给因素、需求因素和制度因素综合作用的结果，并用回归模型对该假说进行了验证，研究认为人口和投资是农地非农化的主因，同时地方政府的反管制策略对农地非农化具有重要的作用（曲福田等，2005）。以上研究都表明：（1）人口增长与经济发展是城市用地空间扩张的主导性因素；（2）产业结构调整对城市用地扩张具有地域差异性，即在某些地区促进城市用地规模不断扩张，而在另外一些地区则对城市用地集约化具有推动作用；（3）自然地理条件对城市用地扩张具有门槛性限制作用；（4）交通发展与城市基础设施的改进对城市扩张具有指向性作用。

在国内，城市开发主体间的博弈对城乡建设用地的转换并未得到重视。农地征用或征收是城乡建设用地转换的主要手段。农地征用是改革开放以来中国城镇化进程中土地问题的核心之一。农地征用过程是一种典型的利益再分配过程，在空间上表现为农用地转换为建设用地，其实质是关乎中央政府、地方政府、开发商以及包括农村集体在内的相关主体背后的利益博弈（王培刚，2007）。新型城镇化和经济转型期，城市土地开发主体间的博弈将突破以往的零和博弈，这种博弈结果在空间上影响土地利用格局。

2. 公共服务选择理论：蒂伯特模型

除了单中心城市模型外，蒂伯特模型（Tiebout model）认为居民的住宅选择行为并非仅依赖于居民收入、交通费用和土地价格，还依赖于众多其他因素。蒂伯特（Tiebout，1956）在《一个地方支出的纯理论》中指出，人口可以自由流动，且其周围存在大量的可供选择的社区，这些社区能提供不同的公共物品和税收，由于不同居民对公共物品或服务有不同的偏好，因此居民根据自身的偏好选择公共物品和税收组合最好的社区，居民在空间上的分布既是居民对公共物品或服务选择的一种均衡，又反映了居民对公共物品或服务的一种偏好。在这一理论下，社区需要根据居民对公共物品和服务的偏好有效地提供居民需要的公共物品和服务，否则居民将会搬迁到那些能给他们提供更好公共物品和服务或更有效提供公共物品或服务的社区之中。蒂伯特将社区公共服务的供给类比于私人物品在市场上的竞争。居民在空间上的流动显示了其对公共物品和服务的偏好。因此，居民选择社区不仅考虑住宅租金、通勤费用和可达性，诸如学校的好坏、犯罪率高低等地方公共产品和服务指标也是其考虑的重要因素。公共物品和服务的供给水平对城市蔓延的促进作用主要体现在两方面：一是城市郊区地带公共服务和物品吸引了城市人口从城市中心向郊区迁移；二是城市内部无效率的公共物品和服务的供给（如高犯罪率和严重的交通拥堵）促使人口从城市中心向外围逃离（Nechyba and Walsh，2004）。

蒂伯特模型阐述了欧美发达国家高收入阶层为了排除与他们偏好和利益不一致的居民或者为了避免部分公共服务或物品带来的负外部性（如高犯罪率和低质量学校）而在城郊聚集的这一现象。然而现有文献多关注种族隔离和城市中心区人口密度衰减的关系，而较少关注公众对公共物品和服务的偏好是否是城市蔓延的重要影响因素（Nechyba and Walsh，2004）。由于我国国情与西方发达国家国情的差别，相比于欧美发达国家存在的种族隔离和城市内部高犯罪率现象，我国不同城市的居民享受的公共服务具有差异性可能更多的是城市基础设施水平的不同所导致的。因此，国内较少有文献从公共服务水平出发探究城市增长的内在机制。

3. 城市土地利用规制：土地开发主体间的博弈影响

除了利用经济学的理论和模型来探讨城市扩张的驱动机制以外，许多西方学者也尝试在土地利用制度领域内来研究城市土地利用问题，这些研究逐渐汇集成“城市土地利用规制”这一新领域。规制是政策制定者，企业集体和消费者群体之间博弈的结果（Fischel，2002）。对在不同土地利用政策下土地拥有者、各级政府与企业开发商之间的博弈结果以及这种结果对土地利用政策的反馈影响的研究是西方城市土地利用规制学者的研究对象。威廉·菲谢尔（William A. Fischel）在对北美的土地利用分区制进行研究以后认为土地利用政策的制定者在整个规制过程中起主导作用（Fischel，1978），为此，他还提出了住房所有者投票人假说（Fischel，2002），即住房所有者与土地利用政策制定者在政策制定的过程中不断博弈以获取自身最大的利益，而城市扩张只是这种博弈结果的表现形式。在美国，尽管地方政府制定了一系列遏制城市蔓延的政策，如“增长管理”政策，“城市边界”控制及“分区发展”政策等，但其他公共政策诸如住房政策、税收和基础设施投资政策等却在一定程度上鼓励了城市用地发展（Anthony，2004）。布吕克纳认为土地拥有者、政府及开发商在土地市场中对各自利益的追求触发了城市蔓延。低级别的政府为了推动城市化、工业化的进程迫切希望在乡镇周边实施更多开发项目，而开发商为了获取巨额利润也希望开发大量的土地，建立更多的房产来赚取其中的差价，而土地拥有者在高地价的吸引下自然也不会考虑土地开发对生态环境的破坏带来的负面影响（Brueckner，2000）。

1.2.3 城市空间扩张模拟

城市扩张是一个渐进的空间社会化过程，它与不同尺度上城市用地面积的变化以及人民生活方式的转变相关联（Han et al.，2009）。为了了解城市的历史形态和预测未来的发展情景，学者们提出了一系列的方法来模拟城市土地利用变化。这些模型大致可分为两类：自上而下的模型和自下而上的模型。自上而下的模型主要是基于传统的宏观经济理论，大部分来源于重力模型。这类模型很难处理微观尺度的规划（Lee，1973）或社会和环境问题（Itami，1994）。随着用于城市地理学领域的计算机算法的不断发展，在城市动态模拟领域，自上而下的模型逐步被自下而上的模型所取代。

基于自下而上原理的元胞自动机（CA）模型在城市动态模拟领域已经得到了广泛应用（Han et al.，2009；White et al.，1997；Batty et al.，1999；Li and Yeh，2000；Wu，2002；Barredo et al.，2003；Luo and Wei，2009；Santé et al.，2010；Feng et al.，2011）。借助于地理信息系统技术和遥感数据，未来CA模型能通过简单灵活的转换规则获取粗略的城市形态（Santé et al.，2010；Torrens，2000）。CA模型主要特征在于它抽取真实的自然世界，采用离散的栅格，从简单的局部规则中呈现出复杂的全局行为，并描绘出一个时间跨度内领域影响下元胞的变化，从而模拟出城市区域空间形态变化（Torrens，2000；Haase et al.，2012）。许多学者利用CA模型或基于CA模型来研究城市发展的复杂环境，成功地证明了其模拟城市景观演变的能力（Han et al.，2009；Feng et al.，2011；Vliet et al.，2009；Jantz et al.，2010；García et al.，2012；He et al.，2013；Sathish Kumar et al.，2013）。

然而，传统的自下而上的元胞自动机模型无法很好地反映驱动城市扩张的宏观社会经济因素（Han et al.，2009；Torrens，2000；White and Engelen，2000），而且对城市理论的发展贡献不足（Torrens and O'Sullivan，2001）。元胞自动机在城市扩张模拟中无法将人的决策行为及驱动城市扩张的社会经济驱动机制相结合，从而制定出更符合实际城市用地空间格局的模拟方案（Haase et al.，2010；Jokar Arsanjani et al.，2013）。此外，现存CA模型中的元胞不能在空间上移动，因此通常会忽略元胞间的关联和在更大空间尺度上的总体格局（Benenson et al.，2002；Qi，2004）。因此一些与元胞自动机复合的模型逐步代替纯元胞自动机模型用于城市扩张模拟之中。

目前另一个在土地利用模拟方面受到广泛关注的方法是基于主体的模拟方法（ABM）（Waddell，2002；Parker，2003；Matthews et al.，2007；Jumba，2012；Robinson et al.，2012）。这些模型分析真实世界中对土地利用变化起支配作用的博弈者，模拟他们的行为，并关注这些"主体"间的相互交流。ABM由许多"主体"组成，他们能模拟人类和环境间的相互交流，并且对这一交流作出选择和决策（Matthews et al.，2007）。这些"主体"单独的行为组合在一起，从而决定整个系统的行为。ABM的优点正好弥补了CA模型的缺点，可以概括为以下几点：（1）主体具有不同的属性和行为，能够反映真实世界的人类行为（Jokar Arsanjani et al.，2013；Matthews et al.，2007）；（2）主体能基于他们相互之间的关系或者他们与环境间的关系来改变他们的行为或作出决定（Parker，2003；Crooks，2006；Verburg，2006；An，2012）；（3）主体能在不同的尺度上构建，如他们可以是组织也可以是个人（Verburg，2006）。这些独特的优点使得ABM技术能以机械的和空间显式的方式将人类决策纳入社会过程模拟之中（Matthews et al.，2007；Robinson et al，2012；Wu et al.，2011）。在城市扩张模拟中，主体代表了不同类型的决策者，如居民、农民、政府、开发商等，他们的决策都有可能导致非城市建设用地向城市建设用地转变（Li and Liu，2007；Zhang et al.，2010）。然而在目前ABM的实际应用中，定义主体的属性，并利用实证数据将复杂的人类行为转换为规则，都还比较困难（Li and Liu，2007）。

尽管这些模拟方法使城市发展方面的研究有了巨大的进展，一些学者认为单一的模拟方法仍然不能完美的回答土地利用的社会—空间动态过程是如何在复杂城市系统中发展的，而将多种方法科学组合则具有协同性和互补性，将带来更令人满意的模拟结果（Haase et al.，2012）。而且，在城市形态学中，CA 和 ABM 都已经被广泛用于未来城市扩展模拟之中。因此，许多研究者尝试利用主体—元胞整合模型来模拟城市发展的空间过程和解决社会科学其他领域的问题。在城市扩张模拟中，CA 代表环境层，而 ABM 代表不同的主体。例如，鲁宾逊等将类似于 CA 中的转换规则与三种广义的 ABM 模型相结合模拟不同组织的行为，进而模拟了斯洛文尼亚共和国科佩尔市的城市扩张（Robinson et al.，2012）。他们还评价了土地利用对农业系统和人民生活的影响，结果显示城市扩张对高质量农田土壤具有不对称的影响，同时，人民生活水平可以通过工业集群得以提高。刘小平等采用元胞和主体相结合的模型对广州市居住用地开发进行了研究（2010）。在他们的模型中，三类主体分别是居民、开发商和政府，而逻辑回归 CA 模型则通过引入空间驱动因子集来代表自然物理因素。他们的研究表明，对于模拟广州市城市居住用地扩张而言，复合模型比独立的 CA 模型模拟结果更优。相似地，吴晶等建立了一个复合模型，在主体、元胞和省域三个尺度上模拟了自公元 2 年来中国人口增长及其空间分布（Wu et al.，2011）。在他的研究中，ABM 用来代表能在元胞中移动的单个成员，CA 用来代表地理环境，元胞是基础单元，同一区域中元胞的集群被看作一个将所有元胞的宏观信息囊括在内的省，主体会利用这些信息来决定他们是否进行迁移。一旦主体移动到一个元胞之中，这个系统就会更新元胞自动机中的信息和有关省的信息。这些研究都验证了复合主体模型在模拟复杂人类—环境系统中所具有的特殊优势。

尽管如此，许多复合模型仍然不能模仿个体决策行为，如城市居民、政府和房地产开发商等对城市建设用地扩张的推动决策行为。为了模仿个体决策行为在城市扩张中的作用，多主体被引入城市扩张模拟之中（Li and Liu，2007）。城市土地利用变化是不同组群的主体或行为者之间共同博弈的结果。这些主体在做决策时会根据各自的偏好采取不同的策略，因此单一类型的主体无法决定最终结果，此时可用博弈的手段解决此类问题。博弈论在自然和社会科学领域得到了广泛应用，尤其是自 20 世纪 20 年代以后在经济学领域的开创性研究，被认为是“为现代博弈论奠基的经典之作”。由于博弈论能在冲突情况下为复杂的社会学问题找到最优的解决方式，社会科学家们对博弈论的兴趣也在不断增加（Samsura，2010）。从应用的角度而言，博弈论不仅能帮助我们洞悉策略互动的交流决策过程，而且能通过数学方法使所有的博弈者都获得最大相对收益，进而帮助我们确定最优策略（Lee，2012）。对于土地利用模拟而言，博弈工具则经常用于定性分析土地开发中的博弈过程（Samsura，2010；Devisch，2008）。

既然城市用地转换是拥有不同策略及利益倾向的主体群组间博弈的结果，那么城市用地的转换并不能由单一的主体群组来决定。而博弈论正好能寻求在不同策略及利益冲突下博弈各方达到均衡的过程及结果。因此，利用博弈论解决城市用地开发中各方利益冲突的问题，能较好地窥探现实世界中不同利益群体在城市用地转换过程中的博弈过程及结果。但以往的研究较少关注城市土地开发主体之间的博弈对城市扩张的影响。张静等将博弈论和多主体模型结合，基于三种规划情景采用非完全信息动态博弈模型确定城市发展的总面积，对浙江省一个小城市的建设用地扩张进行了模拟（Zhang et al.，2013）。但值得注意的是，中央和地方政府都十分重视经济效益，因而土地配置虽有规划目标的限制，但一个主导城市用地转变的关键因素是地方政府的“土地强制征收”行为，他们通过将征收的土地卖给开发商获取利益，并以此偿还政府负债。因此，从经济的视角来看，中国城市用地扩张在本质上是政府、土地所有者与开发商之间博弈的结果。而且，在他们的模型中，博弈论是用来确定城市增长总量而不是用来确定一定空间内特定元胞中非城市用地的转变。因此，未来需要开发一个利用博弈论优化主体—元胞复合模型的空间配置的综合城市扩张模拟模型。本书将展现一个基于博弈论的主体—元胞复合模型，定量分析主体的行为，并模拟未来城市扩张情景。在此模型中，博弈论用于分析主体的决定是如何相互联系的以及这些在微观上相互依赖的决定是如何决定一个元胞是否由非城市建设用地转为城市建设用地的。如前所述，单纯的CA模型不能考虑人类决策因素，而主体模型能用来描述一群参与决策者的行为（Saqalli et al.，2010）。在土地开发中与这些参与者相关的决策过程十分复杂，其中不同的主体目标不同，而且一个主体所做的决定可能会受到其他主体决定的影响。但是，到目前为止，主体—元胞复合的土地利用模型很少在这些复杂过程中加以运用。在CA模型中，元胞的转换主要由自然物理因素和空间距离因素决定。在基于博弈论的主体—元胞复合模型中，元胞的转换除了受上述因素影响外，还会受到不同群体的兴趣及其相互交流的影响。因此，博弈论可以用来解释真实世界中复杂的相互作用网络，从而提高模拟的精度。博弈论的一大主要特点是它提供了一种为博弈选择最佳解决方案的方式，也就是所谓的均衡状态。在决定非城市用地向城市用地转变中，当主体间的偏好出现冲突时，博弈论便能帮我们找到最适合的解决办法。本书试图将元胞自动机和多主体相结合，以期能提高现有城市扩张模拟的精度。一方面，决定一个元胞的状态转换规则由它的邻域作用与一系列距离变量决定，另一方面，代表着现实世界不同群体的多个主体相互作用、相互联系共同对所有元胞的转换状态进行选择。所有的空间解释变量及人的决策行为都被纳入城市扩张的模型之中。

1.2.4 城市增长边界划定方法

设定城市增长边界是对城市空间无序蔓延的一种政策响应与技术措施，其思想萌芽最早可追溯到19世纪英国伦敦的绿带研究（刘海龙，2005）。早期的绿带研究主要以控制城市蔓延为主，随着人口的激增和工业的发展，其功能逐步以合理引导城市未来潜在发展为主。1958年，城市增长边界理论（UGB）第一次在美国莱克星顿市得到应用，随后逐步推广到其他城市，现已成为全球引导城市精明增长最为重要的技术手段之一（见图1.1）。在我国，城市增长边界是为了引导土地合理开发与保护自然资源环境，由城市规划部门人为设定的一条城市建设用地与非建设用地的分界线。建设部2006年出台的《城市规划编制办法》首次提出了“城市增长边界”的概念，并明确规定在总体规划中要“研究中心城区空间增长边界，确定建设用地规模，划

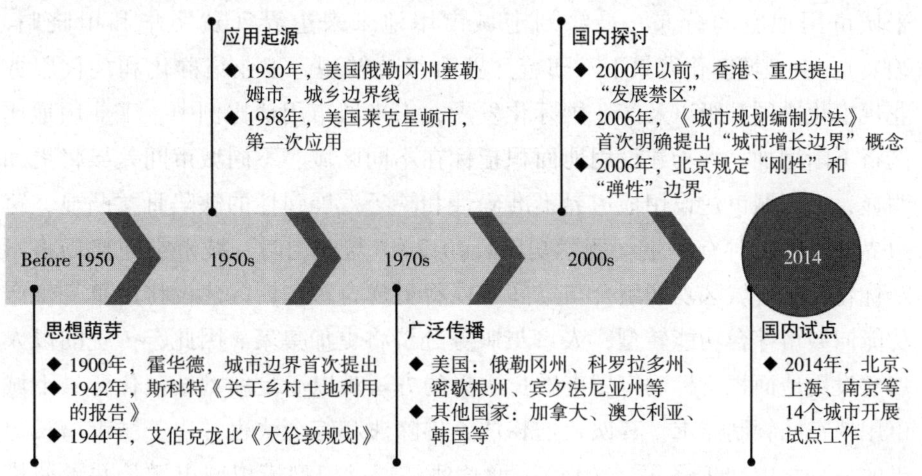

图1.1 城市增长边界理论及应用发展历程

定建设用地范围；划定禁建区、限建区、适建区和已建区，并制定空间管制措施”。其中禁建区和限建区边界实质上是城市土地开发不可突破的刚性边界。刚性边界是城市建设用地不可逾越的生态底线，具有永久性，不能随着城市扩张而发生改变，其作用主要为限制城市无序蔓延。而适建区边界和建设用地范围线是一条可依据人口增长和城镇化水平而适当调整的弹性边界。弹性边界是从社会经济发展对用地需求的角度出发，制定的不同时期城市空间扩张的动态边界，具有时效性，表示未来一定时期内哪些地块可以合理开发，以此反映不同时期城市发展水平和规模。当前，城市增长边界主要通过资源环境适宜性评价、承载力评价和城市扩张模拟等手段来辅助制定。

1. 以适宜性评价和承载力评价为基础的边界划定方法

国内外不同学者对 UGB 模拟划定方法进行了较为充分的研究。在对 UGB 的定性划定方法方面，目前主要有弗雷定性和波特兰定性划定法（王颖等，2014）。弗雷定性划定法主要是根据人口规模、配套设施与开发成本来预测未来城市用地面积以划定 UGB。波特兰定性划定法则是先从多种增长模式中确定一种发展模式，然后结合土地利用现状、服务中心和主要街道的位置、环境敏感区和不适宜开发用地的位置等要素对城市增长边界进行细化。在定量划定方法方面，国内传统城市边界划定模式主要是基于城市人口和人均建设用地两个指标，在 20 年规划期的基础上加上 25% 的上浮率以确定最终城市用地需求规模，结合定性分析、专家经验以及资源环境承载力评价确定未来城市用地空间分布，最终划定城市用地未来边界（黄明华和田晓晴，2008）。新型城镇化背景下，随着产业升级与转型，工业集群化和现代服务业规模化协同升级以及产业国际化发展，未来城市用地比例中，工业用地比例将不断增加，人均建设用地面积指标在不同区域、不同城市间差异将更加明显，已有城市建设用地边界不准确性和缺乏发展弹性的缺陷日益凸显，跨边界开发行为时有发生（张学勇等，2012）。与此同时，城市空间格局将不断优化，中心城区功能组合与空间布局将更加合理，新区建设将由单一生产功能向城市综合功能转型，人口与服务经济将更加集聚。因此，传统的以人均建设用地面积指标确定城市增长边界的方法难以满足新型城镇化背景下城市用地空间管制需求。其次，增长法、排除法和综合法也常用于城市增长边界的划分之中（王颖等，2014）。增长法是通过模型模拟城市增长并参照模拟结果划定城市增长边界。排除法是以保护生态用地为原则，先将生态价值较大的土地排除在外，然后确定合适的UGB边界。如祝仲文等、王玉国等分别采用排除法排除生态敏感度较高的区域，然后分别对广西防城港市和深圳市的增长边界进行了初步划分（祝仲文等，2009；王玉国等，2012）。和艳等将各类法规中确定的生态保护区排除后，对昆明市城市增长边界进行了划定（和艳等，2016）。综合法则是在分析城市增长限制性因子的基础上，对城市增长规模进行预测，结合排除法构建城市增长弹性边界。例如，王振波等在生态、资源和环境承载力评价的基础上借鉴反规划理念，构建约束指标体系对合肥市城市空间增长边界进行了划定（王振波等，2013）。王宗记在城市综合承载力评价的基础上，以城镇空间扩展模拟预测未来建设用地格局，结合自然和历史界限对常州市城市增长边界进行了划定（王宗记，2011）。钟珊等运用空间适宜性和人口承载力评价，结合灰色预测模型对贵溪市的城市开发边界进行了划定（钟珊等，2018）。总体而言，以上方法多以适宜性和承载力评价为基础，注重建设用地的空间适宜性和生态用地的价值保护，但这些方法都无法将人口和经济的承载规模与未来空间上土地利用转换进行匹配，因此不能有效地预测未来城市用地增长量在空间上的分布，也就难以为城市增长弹性边界制定提供参考。

2. 以城市扩张模拟模型为基础的弹性边界划定方法

无论是增长法还是综合法，利用计算机建模模拟不同时间段内城市可能的扩张范围以辅助划定弹性增长边界都必不可少。基于自下而上原理的元胞自动机模型是模拟城市空间增长最基本、最广泛的模型。借助于地理信息系统和遥感技术，CA模型能通过简单灵活的转换规则获取粗略的城市形态。CA模型主要特征在于它抽取真实的自然世界，采用离散的栅格，从简单的局部规则中呈现出复杂的全局行为，并描绘出一个时间跨度内邻域影响下元胞的变化，从而模拟出城市区域空间形态变化。近年来，国内学者利用CA模拟辅助划定城市增长弹性边界取得了一系列丰硕成果。如龙瀛等利用约束性CA对北京市的城市增长边界分别进行了三个层次的划分：中心城、新城和乡镇UGB，模拟结果显示以自下而上模拟方式与北京市总体规划中制定的UGB差别较大（龙瀛等，2009）。徐康等将CA与区域水文模型（SCS）相结合，通过CA模拟城市不透水面面积，以此为SCS的参数，从而评估城市淹水面积的比例及风险，确定城市增长边界（徐康等，2013）。周锐等以平顶山为例，在构建城镇增长的生态安全格局阻力因子的基础上，结合城镇中心吸引力、道路吸引力和邻域开发强度因子，利用最小阻力模型对城镇建设用地增长进行了模拟预测，据此划定了城镇增长的刚性边界和弹性边界（周锐等，2014）。然而，传统的自下而上 CA 模型在获取城市增长的宏观社会经济驱动力方面存在缺陷，特别是人类的决策过程没有被纳入 CA 模型之中，不能反映土地利用变化背后的人地关系。

此外，部分学者还利用地理信息系统（GIS）与遥感（RS）相结合，通过叠加分析、缓冲区分析、人工智能算法等获取城市增长的规模、速度、方向等指标，据此模拟城市增长边界。例如，阿米·塔耶比（Amin Tayyebi）等以伊朗德黑兰市为例，选取道路、绿地空间、坡度、方向、高程、服务站点和建设用地 7 个指标，利用人工神经网络与 GIS 相结合模拟了其城市增长边界（Tayyebi et al.，2011a）。阿米·塔耶比等还分别构建了基于距离和方位角规则以及非距离规则的 UGB 模拟模型，对伊朗德黑兰市的城市增长边界进行了模拟（Tayyebi et al.，2011b）。在此基础上，何青松等结合城市扩张潜力对武汉市城市增长边界进行了模拟（何青松等，2016）。胡守根等利用 Landsat 遥感影像，采用土地利用信息熵和普通克吕格法对武汉市 1987～2010 年的城市增长边界进行了提取（胡守根等，2015）。付玲等根据城市中心点到边界的距离与方位角，采用 BP 神经网络模拟了北京市 2020 年城市增长边界（付玲等，2016）。

1.2.5 城市增长边界的实效评价

UGB 作为一项政策工具，对其实施效果的评估是极其困难的。这是因为通常而言一项政策的目标是不具体的，没有具体的指标且没有对应的标准就很难准确客观评估一项政策的实施效果。UGB 建立的初衷主要为控制城市用地无序蔓延。在国外，已有研究采用已开发土地的扩张程度、住宅数量的改变以及住宅密度的变化来衡量 UGB 的实施效果（Couch and Karecha，2006；Kasanko et al.，2006；Millward，2006；Wassmer，2006）。然而这些研究并未详细对比 UGB 建立后 UGB 内外城市用地增长详细情况。玛丽亚·皮娅·根奈奥（Maria-Pia Gennaio）等主张比较 UGB 内外建成区范围、建筑数量和建筑密度三个指标衡量 UGB 实施成效，据此他们对瑞士 1970～2000 年城市增长边界内外的土地开发情况进行了对比分析，结果表明城市增长边界抑制了边界以内的城市土地扩张，并增加了边界内建筑密度（Gennaio et al.，2009）。与上述研究相反，君明俊（Myung-Jin Jun）对波特兰的研究则表明

UGB并未限制城市蔓延（Jun，2004）。此外，UGB的设定对边界内外土地价值的影响也是研究热点之一。理论上，UGB建立后，边界内的城市用地供应量受到限制，土地价值将提升；边界外的土地用途受到严格限制，土地价值将降低。但君明俊的另一项实证研究表明美国波特兰市UGB的建立并未有效地限制土地供应量，从而影响区域内的房价（Jun，2006）。

在国内，韩昊英等采用边界遏制效率、土地存量和非法邻近开发量三个指标分析了北京市1983年、1993年和2005年城市建设边界内外的城市开发情况，结果表明城市建设边界对北京市城市增长的抑制作用较弱（Han，2009）。龙瀛等提出采用总体规划、控制性详细规划、建设许可和开发结果四者之间的一致性和连贯性来评估城市增长边界的实施效果（龙瀛等，2015）。同时他们还对北京市2003～2010年城市增长边界内外总规和控规、总规与建设许可以及总规与开发结果的一致性进行了叠置分析，结果表明在772平方千米的城市扩张之中，有近281平方千米的扩张位于UGB以外，位于UGB以外的扩张大部分属于非法开发，UGB对实际城市空间外扩控制有限。除以上研究以外，鲜有实证研究分析城市增长边界的实施效果。

1.2.6 研究述评

1. 城市增长机理有待进一步挖掘

在当前中国大规模城镇化背景下，实施城市增长管制政策是必然选择，因此借用来源于西方国家的UGB管理政策，控制并引导城市空间开发具有十分重要的意义。但UGB的理论与实践主要来源于美国，而我国城市发展与美国城市发展具有许多不同的特点。如美国城市扩张主要是一种低密度、外扩式的蔓延式扩张，这种扩张方式不仅使得城市外部的自然生态资源遭到蚕食与破坏，而且迫使传统的市中心区人口离心化，使得中心区城市活力降低，同时使得政府提供城市基础设施的财政压力持续增加，因此美国的UGB理论主要是以提倡保护生态环境和促进城市中心区域集约发展为首要目的。而UGB在我国当前阶段的主要任务不仅要统筹线内线外土地供需平衡，保护自然水域和优质农田等生态资源，还要肩负引导城市空间合理开发的重任。因此，未来国内UGB研究更重要的是要在科学合理地预测不同时期人口经济发展对建设用地需求的前提下，结合适宜性和承载力评价模拟未来城市自然增长边界，为制定动态的弹性边界提供参考。

对建设用地需求进行预测无疑要先厘清建设用地增长的决定因素。国内现有的研究在此已取得了诸多有价值的结论，识别了影响城市用地空间扩张的主要驱动因子，并发现这些因素对城市用地空间扩张的推动作用具有地域差异性。这些研究为未来城市增长弹性边界模拟提供了借鉴，但当前研究仍存在进一步完善的空间。首先，驱动因子具有层间差异，即乡镇尺度、区县尺度和城市尺度上的增长具有不同的影响因子及影响机理。以往的研究忽略了样本的层间差异以及上一层制度环境因子对下一层微观地块增长的情景变量影响。其次，以往对城市增长边界形成机理的研究多聚焦于单个城市，对城市群，城镇密集区等大区域城市蔓延现象，以及在“城市—区县—村镇”不同层次下城市增长的机理还有待进一步挖掘。区域内城市间的相互作用对城市用地空间增长具有不可忽视的作用，但以往城市空间增长驱动力研究主要将研究对象置于孤立的环境中考虑，较少考虑区域内部城市间的联系对城市增长的影响。城市间的人流、物流、信息流对于大都市区城市的空间增长有着不可忽视的作用。因此，未来的研究可以关注以下研究方向：（1）在“城市—区县—村镇”不同层次下，研究城市土地开发主体间的博弈行为对城市增长边界的影响机理，并运用分层回归模型研究上层情景变量对下层微观地块增长的影响。（2）引入基于最短路径的引力模型测算区域内部城市间作用力，探讨城市外部作用力对城市蔓延的影响，为城市增长机制提供理论支撑。

2. 城市增长边界模拟方法有待进一步改进

国内外学者对 UGB 划定方法进行了卓有成效的研究工作，这些研究主要以适宜性评价和承载力评价为主并据此确定城市增长刚性边界。在确定弹性边界时，部分研究主要以经验知识为主导，少量研究采用以 CA 为主的模拟方法模拟未来城市自然增长边界以为 UGB 制定提供参考，但现有研究还存在以下不足：（1）城市增长边界是一种动态的弹性边界，体现了城市增长与约束、需求与供给、动力与阻力三种平衡特性，仅以生态承载力评价为基础的划定方法虽然能达到保护生态价值较高土地的目的，但很难体现出不同时期 UGB 的三种平衡特性。（2）国内少有以 CA 模拟为基础的 UGB 划定模型，虽然体现了 UGB 增长与约束、动力与阻力的特性，但受制于 CA 模型本身的缺陷，无法反映城市土地开发主体需求与供给这一特性。在当前中国农地征用模式下，这种用地转换背后政府、开发商与农民村集体间的博弈机制也在一定程度上制约着城市土地利用的转换。城市土地利用变化是不同组群的主体之间共同作用的结果，主体之间的相互作用行为以及主体的决策选择行为都会对土地利用变化产生重要的影响，这些主体间的博弈结果决定了城市土地利用的转变，但以往对城市自然边界的定量模拟中较少考虑这一重要的决定机制。(3) 在国外的土地利用变化模拟中，博弈工具经常用于定性分析土地开发中的博弈过程，缺乏定量的案例研究。在国内少有的分析主体博弈机制对城市增长影响的研究中，仅是以主体间的博弈确定城市增长总量，而没有考虑到不同信息、不同情景下主体群组在不同区域不同地块上的博弈结果存在不同，并以此影响城市空间增长格局。

基于此，未来可以从以下几个方面进行深入探索：(1) 根据当前中国城市边缘区土地征收、征用和市场交易模式，深入分析地方政府、农村集体和开发商在城市土地开发过程中的利益诉求和行为选择，明确三者之间可能存在的土地交易模式，据此构建不同信息、不同情景下的博弈模型；(2) 研究在不同交易模式下，地方政府、农村集体和开发商在每个微观地块上可以获得的收益，求取三者之间在每个微观地块上的最终博弈结果；(3) 构建 CA 模型模拟自然条件下城市用地空间扩张形态；(4) 将 (3) 中的博弈结果与 CA 模拟结果叠加模拟有主体博弈干预后的最终城市空间扩展形态，导出其完整外围边界，为 UGB 制定提供参考。

3. 城市增长边界实效评估研究有待展开

设定 UGB 的目标之一是为了控制城市无序蔓延，因此，对实施后的效果评价及其对周边地区社会经济和生态环境的影响也是学术界关注的话题。可能由于国内 UGB 划定实践案例较少，且实施时间较短，短时期内政策效果难以评估。目前国内仅有少量的研究关注城市增长边界制定以后，其对边界内外土地利用转换的控制效果，较少有研究关注 UGB 实施后对边界内外不动产价值、生态环境、边界内部土地利用格局变化、人口密度、交通通勤和城市产业结构分布的影响。因此未来的研究方向可以围绕以下几点展开：(1) UGB的实效评价研究，即研究 UGB 实施后是否达到了预先设想的提升内部土地利用集约度、优化城市内部空间用地结构，控制城市蔓延和保护边界外部自然生态环境的目的。这可借助于高分辨率遥感卫星影像对实践区实施 UGB 前后若干年的各地块进行逐一比对和监测 UGB 实施前后若干年的自然生态环境质量来展开。(2) 研究 UGB 实施后，线内线外土地价值在空间结构上的变化，并从计量经济学视角剥离出 UGB 对不动产价值的边际影响。

4. 未来需要完善城市增长边界的管理机构和法律体系

UGB 最终的目标应是既要满足城市发展需求，同时又要保证边界内外供需平衡，以实现区域统筹协调发展。然而，在当前中国地方政府主导公共资源配置的大环境下，各级地方政府以独立“经济人”角色从自身利益出发，进行产业结构布局和空间资源优化，而没有形成一种协同的区域治理机制，这就使得在区域尺度下以统筹城乡发展和边界内外平衡为目标来制定 UGB 变得十分困难。当前我国多数城市的产业空间结构模式依然遵循冯·杜能和伯吉斯的圈层结构理论。在内圈层分布着以金融业和服务业为代表的第三产业，在中圈层至城乡分界处形成工业聚集区，而农业主要分布在外圈层及其之外。现实中，UGB 很难与行政区边界完全重合，线内线外的行政主体不一致，这必然导致线内线外在土地资源供给、生态环境保护与治理、基础设施布局等方面难以协调、统一发展，使得 UGB 不能达到统筹区域协调发展的原本目的。因此，未来的研究可借鉴美国的 UGB 管理体系，在国土空间规划体系下建立专门的 UGB 规划与管理机构，赋予其法定的权力从区域层面开展 UGB 制定与管理工作，并在城乡规划法中制定相应的条款，使已付诸实施的 UGB 像城市规划一样享受法律的保护。此外，以往国内 UGB 的研究多关注界线内部城市建设用地的合理开发，而较少关注界线外侧其他地区的发展。在区域层面，若 UGB 内仅囊括少数行政区，由于其限制界外开发的特性，UGB 设定以后限制了边界外部城市用地的供应量，使得建设用地配置仅落入少数行政区中，这同样有违统筹区域发展的初衷。因此，UGB 的制定还应考虑区域内部行政区间的公平，使得 UGB 在一定程度上能跨过落后地区，或者根据区域内部发展特点和自然资源禀赋状况，打破原有行政区界限，合并社会经济发展情况相似和地理区位邻近的行政区，然后再从区域层面制定 UGB，以达到整合资源、统筹区域发展的目的。

1.3 研究内容

1.3.1 城市扩张研究的基础理论与技术方法

纵观目前国内有关城市扩张的研究可以发现，大部分研究集中于描述性、总结性研究，而理论性研究十分缺乏，同时针对城市扩张测度、模拟所采用的方法亟须创新。中国的城市用地空间扩张具有明显的阶段性、区域性及等级性，与西方发达国家相比，在驱动机理、表现形式、扩张效应及管控策略等方面都有很大的差别，因此，有必要在借鉴西方发达国家现有城市扩张研究理论的基础之上，融合有关中国的国土利用政策和地理国情，深化中国城市空间扩张的基础理论、深入挖掘中国城市扩张背后深层次的人地关系原因、创新城市扩张模拟方法，特别是微观层次的城市用地空间扩张模拟方法。基于此，本书首先总结了目前有关城市扩张的基础理论与技术方法，明确了城市扩张的内涵、城市扩张测度、评价及模拟所采用的技术方法体系，具体包括城市用地空间扩张测度、城市用地空间扩展类型识别、城市空间形态定量测度、城市用地扩张效应评价、城市扩张的驱动机理及城市扩张预测与动态模拟相关理论及方法，以期以“测度—机理分析—预测模拟”这一主线来厘清城市扩张相关理论及技术方法体系脉络，为后续实证研究做铺垫。

1.3.2 面向城市群的城市扩张多层次多维度测度

改革开放以来，中国的社会经济取得了飞跃式的发展，各等级城市规模也从此随着人口与经济的急速上升而快速扩充，与之相应的对中国城市用地空间扩张的研究也随之增多，但大部分研究主要集中在20世纪80～90年代。尽管在这一时期的研究极大地丰富了中国城市扩张研究的案例库，加强了中国学者对早期中国城市扩张特点的深入理解，但由于时间跨度短，且由于新时期中国的城市扩张具有了新特征，以往的研究不能及时、准确地反映中国城市用地空间扩张的新动态（高金龙等，2013）。因此，利用长时期的历史数据研究中国城市扩张的新特点、新规律实属必然。随着经济全球一体化，城市群已成为国家或地区间参与经济活动的基本单元。以往的研究大多只对单一的城市展开，因此测度指标要么过于复杂而不适合对城市群城市扩张的研究，且不适合终端用户指导具体的城市规划，要么过于简单，忽略了城市扩张的多维性，缺乏对城市扩张导致的城市群内部城市与城市之间关联与集聚效应的测度。另外，以往的研究多注重对城市用地空间扩张的测度及描述，对城市用地扩张所造成的影响效应研究较少，少量的城市扩张效应研究也是对社会和经济的影响研究居多，而对生态环境效应的研究居少，“生态城市”“山水城市”始终是可持续发展追求的重要目标，如何评价城市用地空间扩张对城市生态安全的影响将是未来城市地理学研究的重点（许彦曦等，2007）。除此之外，中国的城市扩张研究对象大多为东中部地区节点城市，如上海、广州、北京、杭州、南京、武汉、长沙等，且研究对象较为单一，测度指标体系也不尽相同，缺乏不同尺度之间的研究比较（Zhou et al.，2014），以及缺乏统一、规范的，以针对不同尺度的城市扩张所采用的一套科学、合理的指标体系。巴塔等（Bhatta et al.，2010a，2010b）指出，城市扩张测度指标的终端用户其实是城市管理者和规划者，而不是科学家，因此，这些指标需要简单、可靠、数据依赖性小、具有较强的解释能力。本书的第二个研究内容是：从城市和城市群两个尺度入手，试图建立适用于不同范围的多维度、数据依赖性小且具有一定普适性的城市用地空间扩张定量测度指标体系，并对武汉城市圈1988～2011年城市用地空间扩张及其影响进行实证研究，不仅对武汉城市圈整体扩张进行纵向长时期的对比研究，而且对区域内部中小城市之间的扩张情况进行横向对比，以探讨不同尺度下，该指标体系的可行性及普适性，并同时为中国中部地区的城市扩张提供典型的案例库。

1.3.3 城市扩张空间驱动因子识别及其尺度依赖性分析

土地利用变化的驱动力研究一直是从事土地利用/覆盖变化（LUCC）研究学者所关注的重点。土地利用变化驱动因子识别是土地利用变化研究的核心问题，也是模拟未来土地利用变化的基础。城市用地空间扩张是在城市化背景下，其他地类向城市建设用地的一种转换过程。深入了解这种从生态用地向非生态用地转换过程背后复杂的社会经济因素、自然生物因素及其之间的相互作用，对于未来精确模拟城市动态扩张、科学合理地规划城市用地空间以及有效地遏制“冒进式”城镇化进程具有重要的意义。城市扩张驱动力是土地利用变化驱动力的研究范畴。许多学者指出，土地利用变化驱动力是具有尺度依赖性的，即土地利用变化的驱动因素可以在多种尺度上发生变化。对于中国的城市用地空间扩张过程，其驱动力大致可以分为宏观尺度的政治体制政策的转变、中观尺度的社会经济发展及微观尺度的自然和区位因素限制（黄庆旭等，2009）。这些驱动因素在不同尺度上的综合作用推动城市用地在空间上不断向外扩展。但以往的城市扩张驱动力研究往往局限在某一尺度，定量研究也多注重统计尺度而忽略了空间尺度。需要特别指出的是，对于城市扩张驱动力研究，某一尺度上揭示出的规律并不能简单地进行尺度上推或下移，即在单一尺度上发掘的驱动力及其作用并不一定能解释其他尺度上的城市用地扩张过程。城市用地空间扩张驱动因子识别必须在特定的时空范围内加以辨析，否则会将错误的机理分析应用于未来的城市规划管理。除此之外，以往的城市扩张驱动力研究大部分关注驱动因子对城市数量的变化影响，而较少关注驱动因子对城市扩张导致的城市空间格局的变化影响。基于以上原因，本书的第三个研究内容是：从中观的社会经济驱动机制及微观的自然和空间驱动因子两方面，对不同空间尺度下的城市扩张机理进行定量空间自回归建模，探讨城市扩张驱动因子的尺度效应，并以武汉城市圈为例进行实证研究，同时据此对城市扩张、土地利用政策提出有利于可持续发展的建议。

1.3.4 基于城市土地开发主体间博弈行为的城市扩张模拟

以往国内基于主体的空间决策模型通常忽略了土地市场的作用。同时，由于人的行为及其社会经济属性依赖于一个国家的政治经济体制，国外主体的构造方法不能完全适用于当前中国特定政治环境及地理国情条件之下。因国内特定的土地权属体制，土地市场并不是一个完全的开放市场。国内建设用地的来源通常是政府通过征收或者征用农民的农用地转换而来。而在这种用地转换背后政府与农民的博弈机制往往是决定城市土地利用转换的一个重要原因。但以往国内的定量模拟研究几乎没有考虑这一重要的决定机制。因此，本书通过对城市尺度下中心城区政府与土地拥有者的博弈机制，以及城市边缘区政府与农民的博弈机制进行研究，并据此提出一种基于元胞自动机与主体间动态博弈相结合的城市建设用地空间扩张模拟模型，以及一种农民与政府博弈与居民主体选择相结合的城市用地空间扩张模拟模型，并分别以武汉市中心城区和江夏区为例进行实证研究，以研究中心城区和城市边缘区快速城市化区域城市空间快速扩张背后土地拥有者、农民与政府之间的博弈机制以及这种博弈机制对城市扩张的影响，并据此提出切实可行的政策建议以减少征地之间的冲突和控制城市边缘区城市用地无序扩张的现状。

1.4 研究思路与数据基础

1.4.1 研究思路

本书的第1章介绍了该项研究展开的背景、国内外研究进展述评、研究意义、研究内容、技术路线、研究区以及本项研究所采用的数据及其来源。第2章重点梳理了城市扩张相关概念、相关理论及相关研究方法，理论与方法主要包括城市用地内部结构分布模式、城市空间结构演化规律、城市用地扩张的定量测度方法、城市用地扩张的驱动机理及城市用地扩张预测与动态模拟。第3章主要对武汉城市圈和武汉市进行了多层次、多维度城市用地空间扩张定量测度及武汉城市圈城市扩张效应评价与耦合分析。第4章对高速铁路对城市建设用地扩张的影响进行了实证分析。第5章对不同空间尺度下武汉城市圈城市用地扩张空间驱动因子进行了定量回归建模。第6章主要对武汉市中心城区及武汉市边缘区的特定土地市场背景下农民与政府之间博弈行为进行了分析，并基于此对两种尺度下相关城市建设用地空间扩张进行了模拟。第7章为本书的研究结论与研究展望。本书的技术路线如图1.2所示。

1.4.2 研究区

武汉城市圈是国家战略中重点开发的典型区域，又称“1+8”城市圈，是指以武汉为圆心，包括周边的黄石、鄂州、黄冈、孝感、咸宁5个地级市与仙桃、天门、潜江3个省直管市所组成的城市圈。该城市圈地处东经113°41′~115°05′，北纬29°58′~31°22′，位于湖北省中东部，江汉平原东部，长江中游与汉水交汇处。2011年区内土地面积58052平方千米，年末总人口3024万人。《湖北省主体功能区规划》将该区域划分为国家级重点开发区域，是全国资源节约型和环境友好型社会建设的示范区，全国重要的综合交通枢纽、科技教育以及汽车、钢铁基地，区域性的信息产业、新材料、科技创新基地和物流中心。

2011年，武汉城市圈地区生产总值为11865.52亿元，比2010年同期增

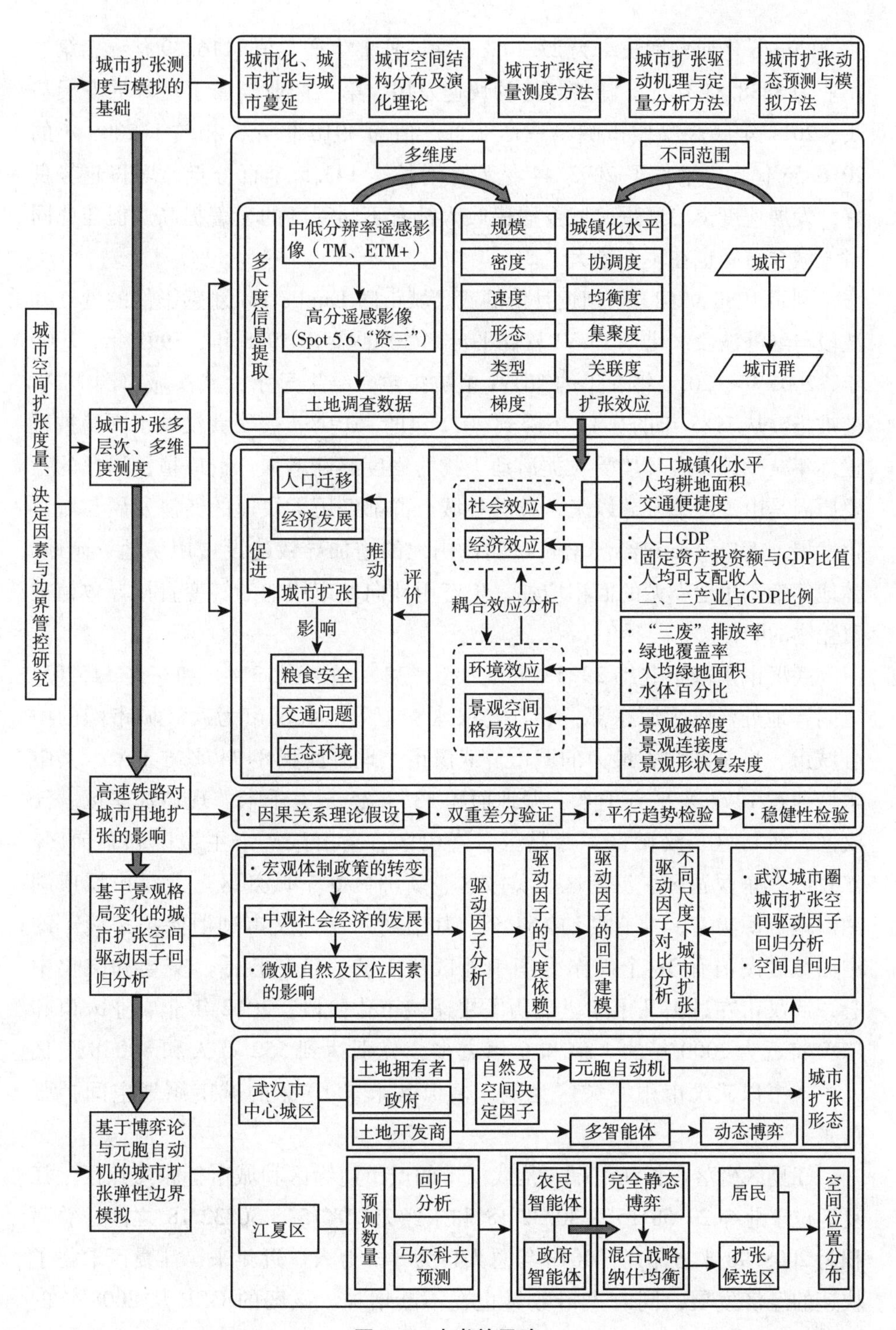

城市空间扩张度量、决定因素与边界管控研究
城市扩张测度与模拟的基础
城市化、城市扩张与城市蔓延
城市空间结构分布及演化理论
城市扩张定量测度方法
城市扩张驱动机理与定量分析方法
城市扩张动态预测与模拟方法
城市扩张多层次、多维度测度
多维度
不同范围
多尺度信息提取
中低分辨率遥感影像（TM、ETM+）
高分遥感影像（Spot 5.6、"资三"）
土地调查数据
规模
密度
速度
形态
类型
梯度
城镇化水平
协调度
均衡度
集聚度
关联度
扩张效应
城市
城市群
人口迁移
经济发展
促进
推动
城市扩张
影响
粮食安全
交通问题
生态环境
评价
社会效应
经济效应
耦合效应分析
环境效应
景观空间格局效应
· 人口城镇化水平
· 人均耕地面积
· 交通便捷度
· 人口GDP
· 固定资产投资额与GDP比值
· 人均可支配收入
· 二、三产业占GDP比例
· "三废"排放率
· 绿地覆盖率
· 人均绿地面积
· 水体百分比
· 景观破碎度
· 景观连接度
· 景观形状复杂度
高速铁路对城市用地扩张的影响
· 因果关系理论假设
· 双重差分验证
· 平行趋势检验
· 稳健性检验
基于景观格局变化的城市扩张空间驱动因子回归分析
· 宏观体制政策的转变
· 中观社会经济的发展
· 微观自然及区位因素的影响
驱动因子分析
驱动因子的尺度依赖
驱动因子的回归建模
不同尺度下城市扩张驱动因子对比分析
· 武汉城市圈城市扩张空间驱动因子回归分析
· 空间自回归
基于博弈论与元胞自动机的城市扩张弹性边界模拟
武汉市中心城区
土地拥有者
政府
土地开发商
自然及空间决定因子
元胞自动机
多智能体
动态博弈
城市扩张形态
江夏区
预测数量
回归分析
马尔科夫预测
农民智能体
政府智能体
完全静态博弈
混合战略纳什均衡
居民
扩张候选区
空间位置分布

图 1.2　本书的思路

长2229.76亿元，增长率为23.14%；第一产业生产总值1116.39亿元，第二产业为5838.81亿元。随着经济的快速发展，第三产业渐露了良好的发展势头，2011年底武汉城市圈第三产业总产值为4910亿元，相较于2006年的2016.56亿元，增长了2893.44亿元，增长了143.5个百分点，增长趋势良好，发展速度突飞猛进，城乡居民收入都有不同程度的显著提高。但与此同时，城乡差距也在不断增大。

利用1988~2011年相近月份的武汉城市圈LandsatTM遥感影像的近红外波段与红外波段，借助ENVI软件平台，分别测算出1988年、1995年、2000年、2005年、2011年五年的NDVI植被指数。结果显示，武汉城市圈NDVI植被指数从1988年的0.17下降到2011年的-0.08，表明武汉城市圈植被覆盖逐年减少，生态环境受人类活动干扰的程度逐渐增强。造成植被退化的主要原因是由于改革开放以来，我国各城市群都经历了快速的经济发展与城镇化发展，人口增长和经济增长对建设用地的增加导致建设占用耕地、园地、林地等生态用地类型的面积增加，生态用地向城市用地的转变直接导致植被覆盖率的降低。

武汉市坐落于北纬29°58′和北纬31°22′，东经113°41′和东经115°05′之间，地处江汉平原东部，长江与汉水交汇处。武汉市为武汉城市圈的中心城市，也是湖北省最大的城市。武汉市土地总面积8494平方千米，其中水域面积1274.8平方千米，湿地面积3358.35平方千米。现辖江岸区、江汉区、硚口区、汉阳区、武昌区、青山区、洪山区7个主城区和蔡甸区、江夏区、东西湖区、汉南区、黄陂区、新洲区6个城郊区。武汉市城市湖泊湿地资源丰富，共有湖泊164个，其中列入《武汉市湖泊保护条例》的中心城区湖泊有38个。作为华中地区最大的经济、政治、交通和文化中心，武汉市在过去几十年里经历了快速城市化阶段。2012年非农业人口和GDP将近为2000年的1倍和6倍之多，分别达到552万人和80038.2亿元。本书以武汉市中心城区为例，模拟其未来10年的城市用地空间扩张情景。

江夏区坐落在长江南岸，是武汉市的城市边缘区和城市扩张热点区。江夏区位于北纬29°58′15″~30°32′18″和东经29°58′15″~30°32′18″之间，总面积为2008.98平方千米，2013年总人口为843万人。近年来，江夏区取得了快速的经济发展，同时人口数量也在不断增加。该区的GDP从2008年的162.20亿元增加到2013年的550.44亿元。

1.4.3 数据源与数据预处理

本书的原始数据主要分为五类：遥感影像数据、土地利用调查数据、土地利用规划数据、武汉市基础地理信息数据和社会经济统计数据。遥感影像数据主要有分辨率为30米的覆盖整个武汉城市圈的Landsat TM/ETM+、分辨率为10米的覆盖部分武汉市的SPOT5和SPOT6以及分辨率为5.8米覆盖江夏区的“资源三号”高分多光谱遥感影像。遥感影像数据的详细信息见表1.2。

表1.2 本书所用遥感影像信息

<table>
<tr><th>传感器类型</th><th>行带号</th><th>成像时间</th><th>空间分辨率</th><th>来源</th></tr>
<tr><td rowspan="13">Landsat TM</td><td>122-038</td><td rowspan="3">1988/11/08，1995/12/30，</td><td rowspan="19">30米</td><td rowspan="19">美国国家地理信息局（http：//glovis.usgs.gov/）</td></tr>
<tr><td>122-039</td></tr>
<tr><td>122-040</td></tr>
<tr><td>123-038</td><td rowspan="3">1987/09/26，1994/09/29，</td></tr>
<tr><td>123-039</td></tr>
<tr><td>123-040</td></tr>
<tr><td>124-038</td><td rowspan="2">1987/12/06，1995/09/23</td></tr>
<tr><td>124-039</td></tr>
<tr><td>122-038</td><td rowspan="3">2000/03/06，2005/11/07，2011/11/16，2011/10/15，2011/01/06</td></tr>
<tr><td>122-039</td></tr>
<tr><td>122-040</td></tr>
<tr><td rowspan="6">Landsat ETM+</td><td>123-038</td><td rowspan="3">2000/02/26，2005/09/11，2006/11/01，2011/11/23，2011/08/19</td></tr>
<tr><td>123-039</td></tr>
<tr><td>123-040</td></tr>
<tr><td>124-038</td><td rowspan="2">2000/02/01，2004/11/18，2011/11/14，2011/10/29</td></tr>
<tr><td>124-039</td></tr>
<tr><td>282-287</td><td>2002/10/02</td></tr>
<tr><td rowspan="4">SPOT</td><td>281-287</td><td rowspan="4">2005/04/26，2005/05/06</td><td rowspan="4">10米</td><td rowspan="4">国家地理信息测绘局卫星测绘应用中心</td></tr>
<tr><td>281-288</td></tr>
<tr><td>282-288</td></tr>
<tr><td>282-289</td></tr>
<tr><td>“资源三号”</td><td>1-150</td><td>2012/04/22</td><td>5.8米</td><td></td></tr>
</table>

土地利用调查数据主要来自1996年武汉市土地利用调查数据和2009年湖北省1∶10000第二次土地调查数据库。土地利用规划数据主要为武汉市土地利用总体规划（2006~2020）数字矢量化而来。武汉市基础地理信息数据主要包括线状的交通网络，点状的教育、医疗、公共基础设施及面状的山体绿地等（见表1.3）。

表1.3　　　　土地利用、土地规划及武汉市基础地理信息数据详情

数据名称	时间（年）	主要内容	数据类型	来源
武汉市土地利用数据	1996	土地利用类型、空间分布及面积	矢量（.shp）	武汉市国土资源和规划局
湖北省土地利用数据	2009	土地利用类型、空间分布及面积	矢量（.shp）	武汉市国土资源和规划局
武汉市土地利用规划数据	2006~2020	土地利用规划图	栅格矢量化	http://www.wpl.gov.cn/pc-35831-69-0.html
武汉市基础地理信息数据	2009，2012	交通网络（主干道、铁路、地铁线）	线状（.shp）	武汉市国土资源和规划局
		教育、卫生、医院、通信、汽车站、火车站、飞机场、银行及其他商业网点空间分布	点状（.shp）	
		人口密度空间分布	面状（.shp）	
		山体绿地空间分布		

社会经济统计数据主要包括人口、经济产业结构和工业“三废”排放等，这些数据主要来源于湖北统计年鉴和武汉城市圈9个市级统计年鉴。部分社会经济数据主要从相关政府部门网站和专业网站实时收集而来（见表1.4）。除此之外，部分有关权重及土地开发成本等数据主要来自咨询武汉大学资源与环境科学学院与武汉市国土资源与规划局等地的相关专家。

1. 遥感影像数据的预处理

遥感影像数据在进行分类提取用地信息之前需要进行一定步骤的预处理，这些步骤主要包括为了消除或者降低影像的几何形变而采用的几何校正，为消除或减轻影像的辐射亮度失真而采用的辐射校正，为扩大感兴趣区域与其

表 1.4 本书所采用社会经济数据详情

数据名称	时间（年）	主要摘录内容	数据来源
湖北省统计年鉴	1989，1996，2001，2006，2012	人口、经济产业结构和工业“三废”排放	
武汉市统计年鉴	2000～2012		
黄冈统计年鉴			
黄石统计年鉴			
鄂州统计年鉴			
孝感统计年鉴			
咸宁统计年鉴			
潜江统计年鉴			
仙桃统计年鉴			
天门统计年鉴			
江夏区统计公报	2008～2013		江夏区统计局网站 http：//www.jxtj.gov.cn/index.asp
省人民政府关于公布湖北省征地统一年产值标准和区片综合地价的通知	2011	征地补偿价	http：//www.wpl.gov.cn/pc－31117－292－0.html
市人民政府关于实施武汉市2011年土地级别与基准地价标准的通知	2011	基准地价	http：//www.wpl.gov.cn/pc－42426－481－0.html
武汉市中心城区及江夏区实时房价数据	2013	实时房价	安居客网站

背景的差异而采用的影像增强以及将多幅影像拼接到一起而采用的影像镶嵌和影像裁剪等。因原始影像成像较为清晰，地物之间光谱特征区别明显，本书采用监督分类直接从原始影像上选取样本进行分类，故在进行影像预处理时不需要进行辐射校正和影像增强。因此，本书对遥感影像的预处理主要包括几何校正和影像裁剪。因缺少各年份所有区域的实测地形图，在进行几何校正之前先将所有影像统一校正到2011年影像所处坐标系统之中。几何精校正主要均匀选取道路交叉口及拐点、河流交汇处等比较容易识别的地点为地面控制点（GCP），校正方法采用二次多项式拟合，校正结果显示影像的均方根误差（RMSE）均位于0.5个像元（15米）之内。在对影像进行校正之后，利用各研究区域的行政区shp图层将原始影像进行裁剪、镶嵌等以备后

续分类之用。以上所有操作步骤均在 ENVI4.8 中进行。

2. 土地利用数据的预处理

因 1996 年武汉市土地利用调查数据和 2009 年湖北省第二次土地调查数据所采用的分类系统不一致，因此要对二者进行分类归并。

3. 社会经济数据的预处理

社会经济数据的预处理主要包括对不同来源的同一数据类型进行单位转换。除此之外，由于统计年鉴中个别县级区域存在指标数据缺省的情况，对缺省数据的指标，在建立综合评价指标体系时应采取内插法或外插法或多项式拟合等方法给予补全，其中内外插法计算公式如下：

内插法计算公式为：

$$x_t = x_1 + \frac{t \times (x_2 - x_1)}{n} t = 1,2,\cdots,n;\ x_2 > x_1 \tag{1.1}$$

其中，x_2，x_1为缺省值相邻的两个数值；x_t为插入值。

外插法计算公式为：

$$x = x_1 + \frac{x_2 - x_1}{n_2 - n_1} \tag{1.2}$$

其中，x_2，x_1为缺省值相邻的两个数值；x_t为插入值。

（1）多源遥感影像分类。针对不同空间分辨率的遥感影像，本书选取两种不同方法提取建设用地信息，一种为基于最大似然法的监督分类用于提取 Landsat TM/ETM + 和 Spot 5 土地覆被信息分类方法，另一种为针对分辨率为 5.8 米的多光谱“资源三号”卫星影像的面向对象分类方法。武汉城市圈土地覆被信息主要从 Landsat TM/ETM + 遥感影像上提取而来。在进行分类之前根据前人的研究及本书研究区遥感影像的光谱特征区分度，选取建设用地、水域、林地、农田和裸地作为 TM/ETM + 遥感影像分类系统。在武汉城市圈区域，建设用地在 5、4、3 组合模式下的假彩色影像中呈现紫色或者紫黑色，城市建成区内部有较为明显的道路分布。水域多呈蓝色或黑色，且边缘较为清晰。农田表现为浅绿色和砖红色或淡紫色斑块相兼，部分农田之间的田埂清晰可见。林地多为深绿色，且在山脊处伴有黑色阴影。裸地为亮度值较高的白色和浅紫色组成。详细的地物解译标志见图 1.3。

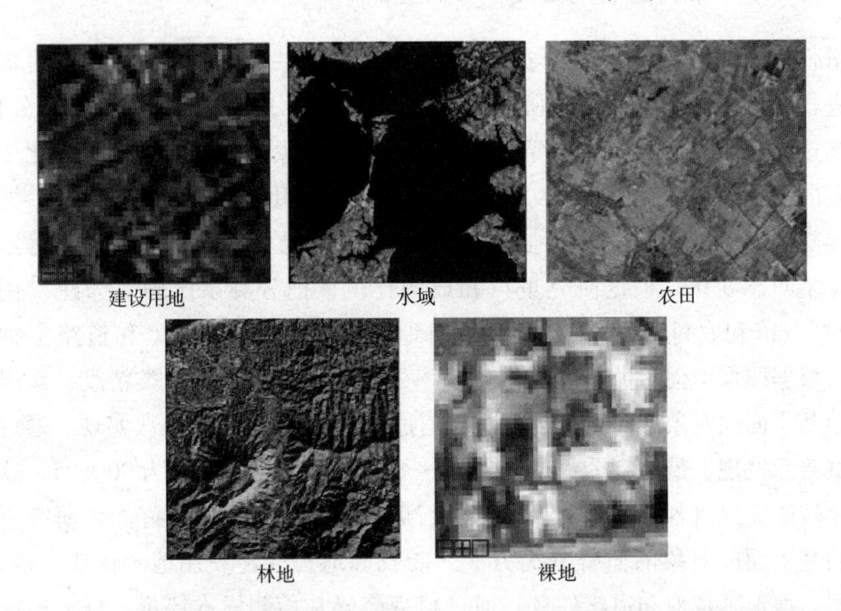

图 1.3 武汉城市圈典型地物类型的 TM/ETM + 波段 543 组合的地物解译分类标志

采用 TM/ETM + 影像 5、4、3 波段假彩色组合方式，借助于 Google earth 和第二次土地调查图对每景 TM/ETM + 影像选取 180 ~ 200 个训练样本用于后续分类。在样本选取时，尽量保证样本在每景影像中均衡全局分布。对于 5 个年份遥感影像所选样本的分离值（ROI Separability）均保持在 1.9 以上，表明样本分离度较好，可用于后续分类。本书选取基于最大似然法的监督分类对武汉城市圈 5 年土地覆被进行初步分类。在初步分类结果的基础上，借助于 2009 年的土地调查数据，利用目视解译判读法对初步分类结果进行修正，修正明显的误分区域。在分类完成以后，从第二次土地实地调查数据中选取部分检测样本与项目组在武汉市周边实地选取的 1200 个地面调查样本相结合对分类结果进行精度评价。结果显示分类总体精度与 Kappa 系数均在 80% 和 0.72 以上。评价结果表明该分类精度已基本能代表真实地表覆盖情况，满足分类最小精度需求。为了提高武汉市土地覆被信息提取精度，在分类之前，将武汉市 TM/ETM + 影像与 Spot 5 影像进行图像融合，在融合之后再利用上述监督分类方法提取武汉市 5 种地类信息。

江夏区 2009 年的土地利用信息主要从湖北省第二次土地调查数据库中直接获取而来，2013 年的土地覆被信息主要从高分“资源三号”卫星影像上提取而来。在对“资源三号”卫星进行几何校正之后，为了便于地物的分割提取，提高分类的精度，该研究对“资源三号”进行了全色与多光谱图像融合的增强处理。由于全色波段与多光谱数据来自同一传感器系统，因此可以直接进行融合。通过多次试验研究，经过光谱质量分析和空间纹理信息分析，最终选择主成分变换方法进行影像融合，此时影像增强效果最佳。对比 2 个时期的江夏区遥感影像图，发现 2 个时期土地利用覆盖类型变化明显。尤其是伴随着城市扩张，城镇用地猛增，耕地等植被覆盖类型减少，河流等水体也发生明显变化。根据研究重点和成图比例，把分类系统确定为建设用地（包括城镇和农村居民点）、林地、耕地、水域、裸地、草地和道路 7 种类型。根据图像增强后的遥感图像分辨率，同时也为了提高分类精度，该研究采用基于面向对象的监督分类方法，通过 ENVI 软件的 EX 模块实现。通过多次试验后发现，最适宜分割尺度为 40 ~ 45，最适宜合并尺度为 90 ~ 95，这样能比较明显地将各种土地覆盖类型进行区分，使分类效果更好。该研究所采用的基于面向对象的监督分类方法，能较好地提取建设用地、林地、耕地、水域、裸地、草地和道路信息，通过目视解译和检测样本评价，分类精度达到 85% 以上。

（2）基于格网信息的城市用地区域提取。在对所有遥感影像进行分类之后，将所有分类结果转换成矢量导入到 ArcGIS10.0 之中并分别对其进行“二值化”处理，即建设用地地类名称赋值为 1，其他地类名称赋值为 0。在研究城市扩张时，准确定义城市建成区边界十分困难，而且目前学术界并没有统一标准。因此本书按照以下原则定义城市地域范围：①城市内部的小范围水域、绿地及其他被工业、商业和住宅包围的开放空间；②建成区内部的非建成区；③与城市边缘紧邻成片的开发区及工矿用地；④与城市边缘紧邻的村镇用地；⑤城市内部道路交通用地。为了进一步获取武汉城市圈、武汉市和江夏区各自的城市建设用地空间分布，采用美国学者康哥顿所提出的用地判定法将从遥感影像中分离出的建设用地进一步划分为城市区域、远郊区及农村建设用地区域和生态用地区域（Congalton and Green，2008；郑伯红和朱政，2011）。即先将上述经过“二值化”处理的城市用地矢量图层在 ArcGIS 中用 fishnet module 建成一个以 2 千米 ×2 千米（用于武汉城市圈和武汉市）或 800 米 ×800 米（用于江夏区）的格网为基本格网单元的格网图层。然后计算每个格网中建设用地所占的比例值。当格网中建设用地比例大于或等于 50% 时，即将该格网中建设用地视为城市区域；当该比例在 25% 与 50% 之间时，则将该格网中的建设用地视为远郊区；当该比例低于 25% 时，则将该格网中的建设用地视为农村建设用地。除此之外，其他的地类（如林地、农田和草地等）及水域都视为生态区域。

1.5 可能的创新

（1）提出了城市扩张多层次、多维度测度指标体系。传统的城市扩张测度方法多针对单个城市，从城市扩张的规模、密度、速度以及形态等方面入手，而忽略了城市与城市之间由于城市扩张导致的城市吸引力、城市关联度、城市群均衡度以及城市扩张空间效应等方面的变化特征。本书在传统的城市扩张测度指标体系基础上，提出了面向城市和城市群两个层次的多维度城市扩张测度指标体系，该指标体系不仅能测度单个城市多维特征，还能较好地测度随着城市扩张，城市群整体均衡度、集聚度、关联度以及城市间吸引力的变化。

（2）以往的城市扩张驱动力研究多将城市用地规模变化作为因变量，而忽略了城市扩张导致的城市用地景观格局的变化。本书从两种不同的空间粒度分析了不同时间段空间驱动因子对城市用地数量变化以及城市用地景观格局变化的影响，发现武汉城市圈区域城市扩张导致的城市用地规模及空间形态变化在两个尺度上都具有空间自相关性，但在较小格网尺度上比较明显，同时不同等级的道路中，铁路和高速公路对城市扩张的影响并不明显。

（3）针对目前元胞自动机和多主体模型都不能较好地解释当前中国城市土地开发过程中主体之间的博弈行为，本书在深入分析城市土地开发中主体之间的博弈行为的基础上，构建了基于城市扩张主体之间动态博弈与元胞自动机相结合的城市扩张模拟模型。该模型不仅考虑了空间驱动因子对城市扩张的影响，而且考虑了城市扩张中主体之间的博弈行为对城市土地利用转换的影响。将该模型用于武汉市中心城区城市扩张模拟的实证研究中，实验证明该模型能有效地提高城市扩张模拟的精度。

（4）构建了基于主体之间静态博弈与城市居民住宅选择行为相结合的城市扩张模拟模型。该模型模拟了城市土地开发过程中农民和政府之间静态博弈规则对城市扩张的影响，模拟过程显示了地方政府和中央政府的土地利用政策对控制城市扩张和减少征地冲突的重要性。分析和模拟土地征收背后的博弈逻辑能为城市管理者和政策制定者，制定更加科学合理的政策以控制城市扩张和减少征地冲突提供科学依据。

第2章　城市扩张测度与模拟的基础

2.1　城市扩张的内涵辨析

2.1.1　城市化与城市扩张

城市化与城市扩张同属于城市发展这一城市地理学子分支领域的热点研究问题。“城市化”一词最早由西班牙学者赛达（A. Serda）于19世纪晚期提出（许学强等，1997）。由于西方国家的城市化进程早于我国的现代城市化进程，因此对“城市化”这一现象的研究最早盛行于西方发达国家。我国有关城市化问题的大规模研究始于1978年改革开放以后。因为我国具有与西方国家不同的、显著的城乡二元结构，因此中国的城市化又普遍被世界学者称之为“城镇化”。关于城市化，不同领域的学者根据自身领域的特点给出了不同的定义。经济学家认为城市化的过程是一种产业结构转移的过程，即从农业转向非农产业。社会学家认为城市化过程是人类生活方式转变的过程。地理学特别强调城市化过程中地域空间的变化，尤其是城市数量的增多及城市空间范围的不断外扩。尽管城市化是一种包含社会、经济、人口、土地等众多要素变化的一种复杂过程。但其中最核心的、普遍被各方学者所接受的观点是：人口向城市集中和迁移是城市化的核心。城市化是一种随着人口向城镇集中而导致的社会关系转变的空间化和社会化过程（Bhatta et al.，2010a）。

城市扩张是在特定的社会经济环境下，人口不断向城市和乡镇集聚而导致城镇人口和城镇空间范围不断增长的过程。从内容上讲，城市扩张包含人口和城市用地的增长；从形式上讲，城市扩张包含内部填充、边缘扩展、线性延伸以及蛙跳式发展等（Dytham and Forman，1996；Xu et al.，2007；Liu et al.，2010；Aguilera et al.，2011；Shi et al.，2012)。城市空间格局的演变以及由此带来的一系列社会经济及生态环境问题是当前城市地理学家所关注的重点问题。因此，从某种意义上讲，城市扩张是城市化中土地利用格局变化的一种形式，是城市化的地域空间变化过程。

2.1.2 城市扩张与城市蔓延

城市蔓延因其复杂性及多维性，目前在学术界还未形成一个完整统一的定义。但一个普遍的共识是：城市蔓延是一种导致资源利用效率低下的不均衡及无规划的城市扩张形式（Bhatta et al.，2010b）。在西方国家，由于人口总量较少且以小汽车为主要交通工具，交通条件发达，西方学者更倾向于将城市蔓延定义为一种低密度的、依赖于小汽车的城市扩张模式（Brueckner，2000；Galster et al.，2001；Ewing et al.，2002；Anthony，2004；Kasanko et al.，2006；Catalán et al.，2008；Petrov et al.，2009）。纵观以往的研究可以发现城市蔓延具有以下特点：（1）城市蔓延是一种无序、无规划行为；（2）城市蔓延是城市用地（包括城市建筑物、道路及其他基础设施用地）不断向外以分散、无组织的形式侵占农田的过程；（3）城市蔓延是一种低密度的土地开发利用方式；（4）城市蔓延是社会、经济、政治以及科学技术等多因素综合作用的结果，并反过来对这些因素产生重大深远的影响。巴塔等的研究认为城市蔓延会涉及（Bhatta et al.，2010a）：特定的土地利用方式；土地开发过程；导致特定的土地利用行为；土地利用行为的后果。因此城市蔓延既可用作一个名词来描述现象，也可用作动词描述一种过程。从动词的角度来看，城市蔓延是城市扩张的一种特定形式。

2.2 城市用地内部结构分布模式

美国城市地理学家和人文生态学家在18世纪早期基于地租理论，均质性地域和非均质性地域的假设前提下，分别提出了城市地域空间分布的同心环模式、扇形模式以及多核模式（许学强等，2009）。

2.2.1 同心环模式

伯吉斯在1923年创立了同心环模式理论。同心环模式理论认为城市用地空间结构分布随着人口的迁移及就业的转变而形成由内到外不同职能的圈层结构。具体表现在：人们最早集聚在交通最为方便的节点处进行商业交易，这一地带逐渐演变成核心商务区，即图2.1（a）中第一圈层；随着人口的集聚及以零售和服务为主的第三产业规模增加，中心区域逐渐向外膨胀，人口及就业向外迁移逐渐形成以居住、商业及物流仓储混合分布的过渡地带，此即为第二圈层；第三圈层为工厂的住宅区；第四圈层为中产阶级住宅区；最外围为富人集聚地。同心环模式分布的实质是土地经济地租的外在表现，即不同功能的土地利用区所产生的地租随距离变化的曲线是不相同的。但伯吉斯的同心环模式建立在均质性地域的假设前提下，没有考虑到现代交通运输条件对其分布的影响。交通网络影响城市内部的通达性，是土地利用的经济价值及利用方式的重要决定因子。放射状的交通网络会使同心环分布产生一定的变形，如图2.1（b）所示。

2.2.2 扇形模式

伯吉斯的同心环模式是从人文生态学的角度并基于均质平面出发的。霍伊特在同心环模式的基础上，从交通网络的线性易达性和定向惯性对城市用地结构分布的影响出发，提出了扇形模式，如图2.1（c）所示。他认为轻工业和批发商业比较依赖于交通网络的易达性，而不同阶级的住宅区也随着这种易达性有不同的分布，比如中产及富人阶级住宅区会沿着易达性较好的交通道路或者湖滨地区，而底层阶级多围绕着工商业地带分布。两种不同类型的住宅用地不会相互干扰，各自独立发展。霍伊特这种扇形理论实际上保留了伯吉斯的经济地租机制，只是在此基础上考虑了交通运输条件的基本易达性和附加易达性。

2.2.3 多核心模式

无论是伯吉斯的同心环模式还是霍伊特的扇形模式，城市用地内部仅有一个中心区。哈里斯和厄尔曼却认为重工业和市郊区对城市内部结构的影响同样不能忽视，在此基础上，他们提出了城市用地结构的多核心模式，如图2.1（d）所示。这一理论认为随着城市的发展，城市内部除了大型CBD之外，其他较低一级的中心会随着城市交通网络、工业区及教育中心的发展而逐渐形成新的商业中心和重工业区。最接近城市主要核心的是批发商业和轻工业，中产阶级及富人阶级住宅区多分布于其他中心。这一模式并不需要以城市内部土地是均质的这一假设作为前提。

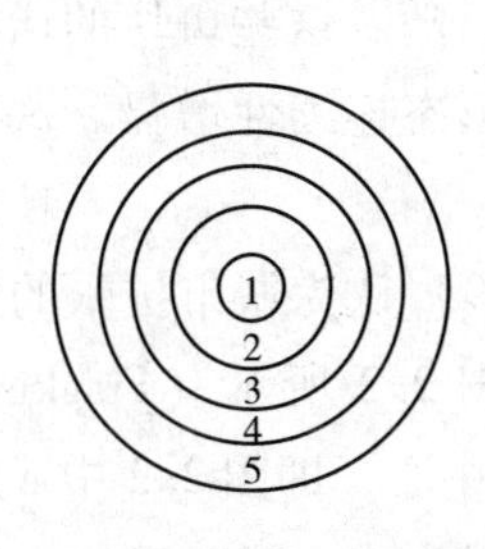

（a）伯吉斯的同心环模式

1—中央商务区；2—过渡带；3—工薪阶层，住宅区；4—住宅区；5—通勤者地带

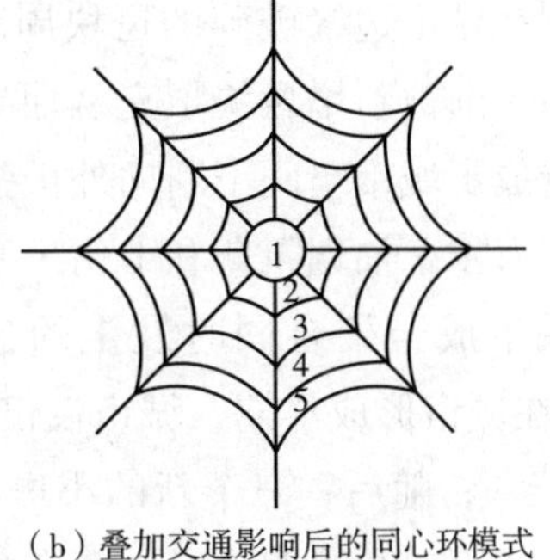

（b）叠加交通影响后的同心环模式

1—中心商务区；2—过渡性地带；3—工人阶级住宅区；4—中产阶级住宅区；5—高级住宅区

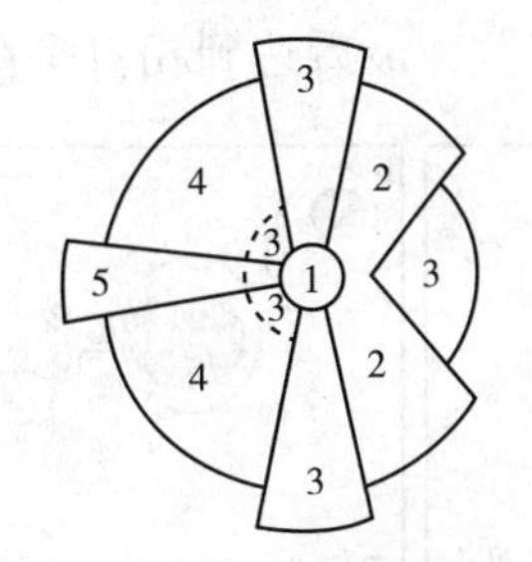

（c）霍伊特的扇形模式

1—中心商务区；2—商业区；3—低收入住宅区；4—中等收入住宅区；5—高收入住宅区

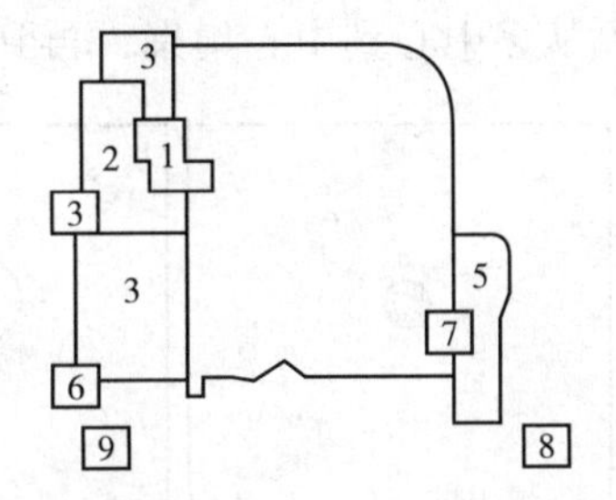

（d）哈里斯、厄尔曼的多中心模式

1—中心商务区；2—批发与轻工业带；3—低收入住宅区；4—中收入住宅区；5—高收入住宅区；6—重工业区；7—卫星商业区；8—近郊住宅区；9—近郊工业区

图2.1　城市内部用地结构分布模式图

资料来源：许学强，周一星，宁越敏．城市地理学［M］．2版．北京：高等教育出版社，2009.

2.3 城市空间结构演化规律

城市空间扩张除了以同心圆方式外扩之外，随着多中心的发展，不同城市的扩张过程也不尽相同。有学者认为城市扩张动态过程是一个符合“最大增长区”的过程（Blumenfeld，1954；Schneider and Woodcock，2008），即世界上大多数城市扩张都要经过集聚与扩散的两个步骤：首先，新增城市建设用地出现在城市边缘破碎的斑块周围；其次，随着这些斑块的增多，斑块之间的缝隙逐渐被新增斑块填充从而导致城市形态连续性增强。这两个步骤不断重复造成了城市空间不断向外扩张。

麦克海尔·福瑞凯斯和卡伦·塞托（2009）认为城市扩张的过程是一个邻近斑块生成与聚合同时发生的过程，如图 2.2 所示（Fragkias and Seto，2009）。在城市形成早期，城市仅仅只有一个中心，即图 2.2 中 a 斑块和两个小斑块 b、c；随后，三个新的小斑块 d、e、f 生成，同时斑块 a 和斑块 b 继续增大；在第三和第四阶段，两个新增斑块在斑块 e 的周围聚集并最终形成一个整体，同时除了斑块 f 之外，其他斑块的面积继续增加；在第五阶段，斑块 a、b、c、e 继续增大并最终聚合为一个大的斑块。总之，城市用地空间扩张遵循从多中心到中心集聚，再到中心扩散，最后达到相对平衡这样一个

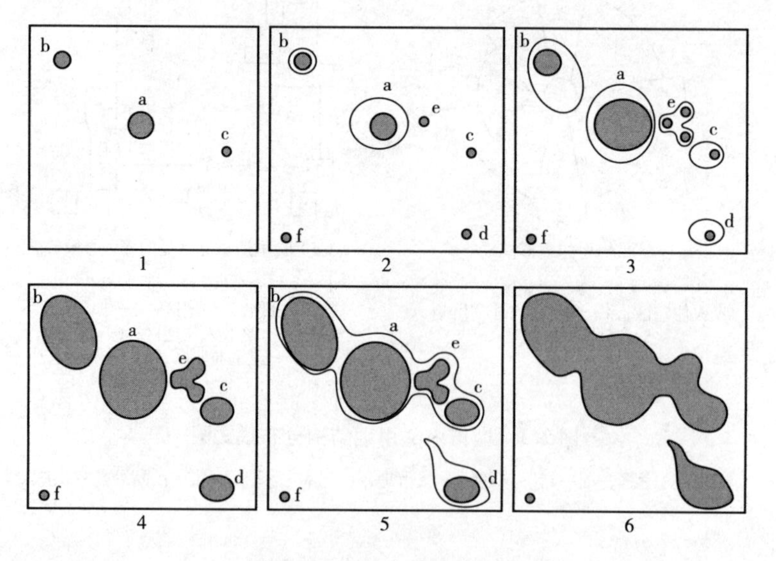

图 2.2 城市扩张动态示意

动态平衡的过程。在城市扩张过程中，非城市用地向城市用地的转换受到土地利用政策、地理环境条件、随机事件以及其他决定因子的影响。

2.4　城市扩张定量测度方法

2.4.1　城市扩张测度

由于城市蔓延具有多维特征，对城市蔓延的精确定义显得十分困难，对城市蔓延没有统一明确的定义使得当前所有城市蔓延测度方法对精确判定城市用地是否蔓延还具有局限性（Hoffhine et al.，2003）。根据本书对国内外现有相关城市蔓延研究文献的查阅，当前对城市蔓延测度的主要方法还是蔓延指数法，如表2.1所示。根据对城市蔓延的不同特征，蔓延指数法又分为单一指标法和多维指标法。单一指标法着重从人口或者土地利用两个方面来分析城市用地是否蔓延。多维指标法通常从密度、连续性、集中度、集聚性、中心性、多核性、多样性以及接近度等方面考察城市蔓延的复杂性。除此之外，许多学者也将景观生态学中用于刻画陆地生态景观的空间指数用于测度城市用地蔓延。

表2.1　典型的城市蔓延指数

<table>
<tr><th>方法类型</th><th>蔓延指数</th><th>作者或机构</th></tr>
<tr><td rowspan="5">单维度指标</td><td>城市区域外围人口与城市区域人口的比例</td><td>El Nasser and Overberg，2001</td></tr>
<tr><td>人均建设用地面积</td><td>Kolankiewicz and Beck，2001</td></tr>
<tr><td>人口密度</td><td>Fulton et al.，2001</td></tr>
<tr><td>就业的中心化程度</td><td>Glaeser and Kahn，2001</td></tr>
<tr><td>蔓延指数：$SI_i = \left(\left(\frac{S\%_i - D\%_i}{100}\right)+1\right)\times 50$</td><td>Lopez and Hynes，2003</td></tr>
<tr><td rowspan="3">多维度指标</td><td>密度梯度曲线估计，分散度，分形维数，接近度</td><td>Torrens and Alberti，2000</td></tr>
<tr><td>居住密度，居住、就业和服务业的混合程度，中心区的强度，道路的通达性</td><td>Ewing，Pendall and Chen，2002</td></tr>
<tr><td>密度，连续性，集中度，集聚度，中心性，多核性，土地利用多样性以及接近度</td><td>Galster et al.，2001</td></tr>
</table>

续表

方法类型	蔓延指数	作者或机构
多维度指标	城市内部街道的设计及循环系统，居住密度，城市内部土地利用混合程度，公共设施接近度，行人通道	Song and Knaap，2004
	密度，蔓延类型，土地利用分割，区域规划的不一致性，道路基础设施的无效率程度，替代交通工具的难以接近性，社区节点的不可接近性，土地资源的消耗程度，敏感公共空间的被侵占，不透水面的影响，城市扩张轨迹	Hasse，2002
	城市中心区面积，城市次中心区面积，城市边缘区面积等	Angel et al.，2007
	人口从中心城区向郊区迁移数，土地利用与人口增长之比，出行时间，开放空间的减少量	Sierra Club
	人口密度（PDI），GDP 密度（GDI），斑块面积（AI），斑块形状（SI），平面建设密度（HDI），立体建设密度（VDI），不连续开发（DDI），条带式开发（SDI），蛙跳式开发（LDI），规划一致性（PCI），耕地影响（AAI），开敞空间影响（OII），交通影响（TII） 蔓延综合指数 USI：USI = －0.02AI + 0.02SI + 0.08DDI － 0.09SDI ＋ 0.10LDI ＋ 0.14PCI － 0.05HDI－0.05VDI－0.05PDI－0.05GDI＋0.12AII＋0.12OII＋0.12TII	蒋芳，刘盛和，袁弘，2007
	景观格局指数	Botequilha Leitão and Ahern，2002；Ji et al.，2006；Aguiler-aValenzuela and Botequilha-Leitão，2011；Herold Couclelis and Clarke，2003；Herold Goldstein and Clarke，2005；Herold Scepan and Clarke，2002

常用的城市扩张测度方法除了指数法之外，方位分析、梯度分析、重心分析法、距离圈层分析法以及格网分析法等也是常用的测度方法。方位分析的实质是将城市置于坐标轴内，按照两个坐标轴与其夹角的中心线组成的八象限进行不同方位的城市扩张分析（马荣华等，2004）。重心分析法是研究随着城市的扩展，整个城市重心坐标在空间上的偏移情况（马荣华等，2004；李飞雪等，2007）。距离圈层法是以城市中心为圆点，以一定的距离向外做缓冲区来分析随着离城市中心距离的变化，各圈层城市扩张情况（杨永春等，2009）。而梯度分析法也与距离圈层法十分相似，即分析随着距离梯

度的变化，城市土地利用的变化情况。

2.4.2　城市用地空间扩展类型识别

针对城市扩展类型识别的研究最早是从福尔曼等人在景观生态学中对景观空间模式变化的研究借鉴而来（Dytham and Forman，1996）。伴随着城市用地空间扩张的不同阶段，前人多将城市用地新增斑块划分为边缘式、填充式以及蛙跳式（Liu et al.，2010；Shi et al.，2012；刘小平等，2009；Sun et al.，2013），部分学者还将沿交通线路分布的新增斑块定义为线性增长式，如图2.3所示（Aguilera et al.，2011；Camagni et al.，2002）。对这些增长类型的识别，前期研究主要是定性描述为主。近些年来，随着GIS、遥感和计算机技术的发展，定量研究逐渐成为主流。刘纪远等利用凸壳原理识别出了边缘式和外延式（即蛙跳式）（刘纪远等，2003）。凸壳原理的核心思想是通过将面集凸壳和线集凸壳转换为点集凸壳来构造城市用地斑块凸壳以识别不同的扩张模式。位于凸壳内部的新增斑块即为边缘式，位于凸壳外部的即外延式。

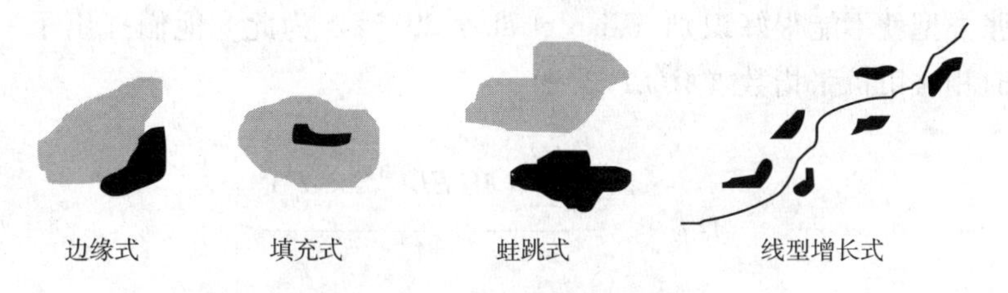

图2.3　不同城市扩张类型示意

刘小平等人则基于景观斑块的最小包围盒构建了一种新的景观格局指数（LEI）来刻画不同类型的城市扩张模式，如图2.4所示（刘小平等，2009）。在填充式扩张斑块之中，最小包围盒内由新增斑块和原始斑块两部分组成。在边缘型扩张类型之中，最小包围盒内由原始斑块、新增斑块和非城市用地斑块三种土地利用类型组成。而在蛙跳型扩张类型之中，最小包围盒内由新增斑块和非城市用地斑块组成，因此，可以将基于最小包围盒的城市扩张类型识别指数定义为：

$$LEI = \frac{S_1}{S_2 - S_3} \times 100 \tag{2.1}$$

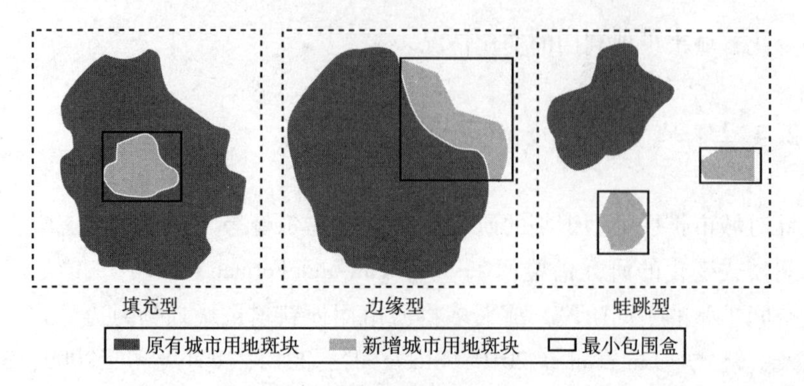

图 2.4　三种城市用地扩张类型的最小包围盒示意

资料来源：刘小平，等. 景观扩张指数及其在城市扩展分析中的应用［J］. 地理学报，2009，64（12）：1430 - 1438.

式（2.1）中，S_1 为最小包围盒内原始斑块的面积，S_2 为最小包围盒的面积，S_3 为新增斑块的面积。显然，当 $LEI = 100$ 时，新增斑块为填充型；当 $LEI = 0$ 时，新增斑块为蛙跳型；当 $0 < LEI < 1$ 时，新增斑块为边缘型。

然而，焦利民等人的研究则表明，尽管刘小平等人的研究可以识别 2 个时间点内的城市扩张类型，但对于三个时间点或者说多个连续时间段内的城市扩张类型就不能很好识别（Jiao et al.，2015）。为此，他们提出了一种识别多时相城市扩张指数（*MLEI*），即：

$$MLEI_i^{(t)} = \frac{\sum_{m}^{j=1}(MLEI_j^{(t-1)} \times a_{ij})}{A_i} \tag{2.2}$$

$$MLEI_i^0 = 100$$

式（2.2）中，$MLEI_i^{(t)}$ 为第 i 个新增城市用地斑块在 t 时刻的城市扩张指数，m 为 $t-1$ 时刻的原始斑块数量，$MLEI_j^{(t-1)}$ 为与第 i 个斑块相交的第 j 个斑块在 $t-1$ 时刻的城市扩张指数，a_{ij} 为第 i 个斑块和第 j 个斑块相交部分的面积，A_i 为斑块 i 的最小包围盒面积。$MLEI_i^0$ 为最原始斑块的扩张指数，设定为 100。*MLEI* 的取值范围为 $[0,100]$，其值越小，代表新增斑块扩张强度越大。

2.5　城市用地扩张的驱动机理

城市用地空间扩张的内在机理，不同的学派对其有不同的解释。定性的研究以经验描述和采用经济学的理论对其解释为主。前人研究表明，城市扩张是多因素、多尺度综合作用的结果，具体可分为宏观尺度的政治体制因素和经济政策因素，中观尺度的人口和经济因素以及微观尺度的区位因素等，如图2.5所示。威廉·福姆（William H. Form，1954）认为影响促进城市扩张的动力主要有市场驱动力和权力驱动力两种。市场驱动力即为中观尺度的人口与经济的增长，权力驱动力可理解为宏观尺度的政策及体制规制等。布吕克纳和大卫·范斯勒最早用古典经济学的理论解释了城市蔓延的原因（Brueckner and Fansler，1983）。他们假定所有人到城市中心的工作收入相同，设为μ，其居住地到城市中心的距离为d，距离d处的地租为A，每人都消费φ单位面积的住房和额外的商品ρ，每单位距离的交通成本费用为γ，则其收入的约束条件为$A \times \varphi + \rho = \mu - \gamma d$，他的研究结论表明收入与农业地租与城市蔓延息息相关。不同的国家由于其历史条件、政治体制、社会经济发展水平以及文化氛围不同，城市扩张的内在驱动力表现也不一样。但人口、经济、政策及规划、区位和自然环境条件是城市扩张的内在驱动力和外在限制性因子。除定性分析之外，定量研究主要采用多元线性回归、Logistic回归、空间自回归等方法探索社会经济因子和空间驱动因子对城市扩张的影响。

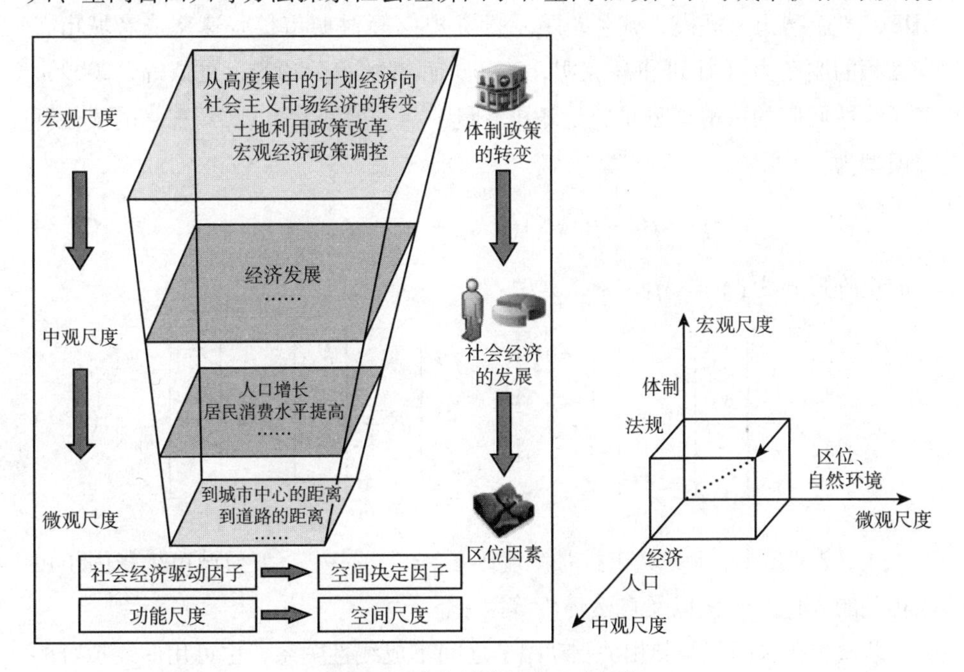

图2.5　城市扩张的多尺度解释

2.6 城市用地扩张预测与动态模拟

2.6.1 回归分析

具有相关关系的变量之间虽然具有某种不确定性，但是，通过对现象的不断观察可以探索他们之间的统计规律，这类统计规律即为回归关系。地理学的研究对象是多层次多要素的复杂系统，要素之间的关系可以用回归模型来探讨。在城市规划和土地管理中，常常需要预测未来城市建设用地的规模。在城市扩张过程中，某一时期的城市扩张的规模与影响其大小的因素可以用回归关系来拟合。在预测城市用地规模时常用的回归模型有多元线性回归和逻辑回归模型等。

1. 多元线性回归和曲线拟合

在分析城市扩张驱动力时，最常用的方法是采用多元线性回归探讨人口、GDP、产业结构与规模、城乡差距及投资规模等对城市扩张速率或者城市扩张面积的驱动力（朴妍和马克明，2006；郝素秋等，2009；夏叡等，2009）。多元线性回归的一般模型是，设随机变量 y 与一般变量 $x_1, x_2, \cdots, x_p$ 的线性回归模型为：

$$y = \beta_0 + \beta_1 x_1 + \beta_2 x_2 + \cdots + \beta_p x_p + \varepsilon \tag{2.3}$$

写成矩阵形式为：$y = X\beta + \varepsilon$，其中：

$$y = \begin{bmatrix} y_1 \\ y_2 \\ \vdots \\ y_n \end{bmatrix}, X = \begin{bmatrix} 1 & x_{11} & x_{12} & \dots & x_{1p} \\ 1 & x_{21} & x_{22} & \cdots & x_{2p} \\ \vdots & \vdots & \vdots & \vdots & \vdots \\ 1 & x_{n1} & x_{n2} & \cdots & x_{np} \end{bmatrix}, \beta = \begin{bmatrix} \beta_0 \\ \beta_1 \\ \vdots \\ \beta_p \end{bmatrix}, \varepsilon = \begin{bmatrix} \varepsilon_0 \\ \varepsilon_1 \\ \vdots \\ \varepsilon_n \end{bmatrix} \tag{2.4}$$

式（2.4）中，y 为城市扩张测度因子，$x_1, x_2, \cdots, x_p$ 为与城市扩张因子可能相关的人口、经济以及自然环境等因子。

若城市扩张因子与其相关驱动因子之间不成线性关系，也可用曲线拟合的方式探讨二者之间的最佳拟合模型（张占录，2009；Wu and Zhang，2012），常用的曲线拟合模型有多项式拟合、对数模型、指数模型、幂模型以及逆模型等。

2. 逻辑回归模型

在城市扩张模拟中，利用逻辑回归模型（见图2.6）可以构造元胞自动机中的转换规则。设有 n 个独立的变量 $x_i(i = 1,2,\cdots,n)$，$P(Y = 1 \mid X) = p$ 是二元变量 $Y(Y = 0$ 或者 $Y = 1)$ 发生与不发生的条件概率，则其条件概率可以表示为：

$$P(Y = 1 \mid X) = \pi(x) = \frac{1}{1 + e^{-g(x)}} \tag{2.5}$$

式（2.5）即可称之为逻辑回归模型（logistic 模型），在 logistic 模型之中，假设 $P(Y=0)$ 和 $P(Y=1)$ 分别为事件 Y 不发生（0 代表不发生）与发生（1 代表发生）的概率，$x = x_1$，x_2，x_3，…，x_n 为与事件 Y 发生与否有关的解释变量。那么 $P(Y=0)/ P(Y=1) = P(Y=0)/1 - P(Y=0)$ 记为事件 Y 不发生的概率比，常称之为发生比（odds）。对发生比取对数即可得到 logistic 回归模型的一般线性模式：

$$\ln\left(\frac{P}{1 - P}\right) = a + \sum_{i=1}^{n} \beta_i x_i \tag{2.6}$$

概率 P 是由解释变量 x_i 构成的非线性函数：

$$P = \frac{\exp(\alpha + \beta_1 x_1 + \beta_2 x_2 +, \cdots, + \beta_n x_n)}{1 + \exp(\alpha + \beta_1 x_1 + \beta_2 x_2 +, \cdots, + \beta_n x_n)} \tag{2.7}$$

式（2.7）中，P 为各类型生态用地增加或者减少的概率；x_1，x_2，

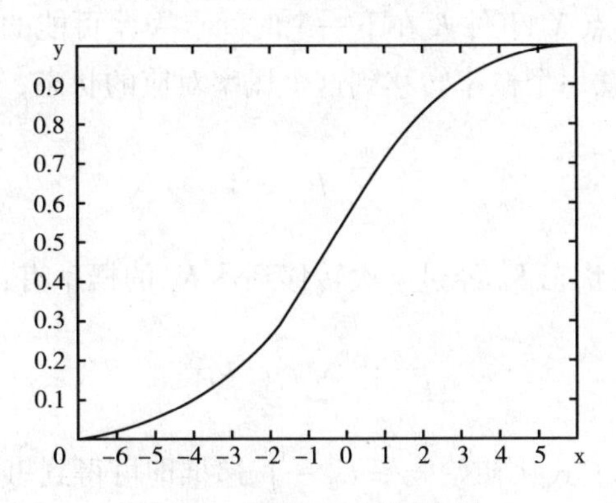

图 2.6　逻辑回归模型曲线

x_3，…，x_n为与生态用地变化有关的影响变量，即与表中相对应的驱动因子；$\beta_1,\beta_2,\cdots,\beta_n$ 为各变量的逻辑回归系数。

对于 Logistic 回归模型，需要对其拟合优度、回归系数显著性水平进行检验。可采用 Wald 统计量对模型中的回归参数进行估计，Wald 统计量以每个决定因子的相对权重来表示其对因变量的解释能力，当 Wald 统计量所对应的概率 P 值小于显著性水平 0.05 时，表示可以拒绝回归系数不显著的假设。反之，P 值大于 0.05 所对应的回归系数则不能通过显著性检验。

2.6.2 马尔科夫预测

马尔柯夫预测法（Markov chain model）是应用概率论中马尔柯夫链的理论和方法研究分析有关经济现象的现状及变化规律，并以此预测未来状况的预测方法。在城市扩张模拟中，可以根据以往多年的城市用地增长数量利用马尔科夫链预测未来年份的城市用地增长数量。马尔科夫预测方法是根据事件已发生的概率采用状态转移概率和状态转移矩阵来预测未来事件发生概率的一种方法。假设事件 K 从一个状态 X_1 转移到另一状态 X_2 的概率即为条件概率：

$$P(X_2 \mid X_1) = P_{ij} \tag{2.8}$$

则事件 K 从状态 X_1 转移到状态 X_n 的状态转移概率矩阵可表示为：

$$P = \begin{pmatrix} P_{11} & \cdots & P_{1n} \\ \vdots & \ddots & \vdots \\ P_{n1} & \cdots & P_{nn} \end{pmatrix} \tag{2.9}$$

对于预测当前时间点 X_i 事件 K 在下一个时间点 X_{i+1} 可能的状态而言，它可能以 P_{11} 到 P_{nn} 中任意一个概率转移到这个概率对应的状态，于是有：

$$\sum_{j=1}^{n} P_{ij} = 1 \tag{2.10}$$

对于事件 K 从初始状态 K_0 经过 y 次转移到达 K_y 的概率有：

$$P_y = \sum_{i=1}^{n} P_{y-1} P_{ij} \tag{2.11}$$

由状态转移概率对上式从初始概率 K_0 一直递推即可得到事件 K 在时间点 y 发生的概率 P_y 。

2.6.3 系统动力学模型

系统动力学是研究系统内部各要素或系统之间反馈信息的一门交叉学科。系统动力学的基本思想是：系统必有结构和结构决定功能。系统动力学将现实世界中系统的复杂行为与内在机制通过数学模型显现出来，具体实现方法是先构造系统的基本结构，然后模拟和分析系统的动态行为，最后深入挖掘系统动态变化的原因和结果。在土地利用变化模型中，系统动力学模型（System Dynamic Model）通常用来综合分析影响土地利用变化的原因及内在机制，然后建立变量与未来土地利用规模之间的数学模型，最终综合预测未来土地利用结构的动态变化。系统动力学模型也常用来模拟未来城市用地规模（Han et al.，2009；Jokar Arsanjani et al.，2013）。在城市扩张模拟中，系统动力学模型主要用来分析未来城市人口、第二、第三产业增加值以及人均收入的增加与各类城市用地的关系，以此来预测未来城市用地规模，如图 2.7 所示。系统动

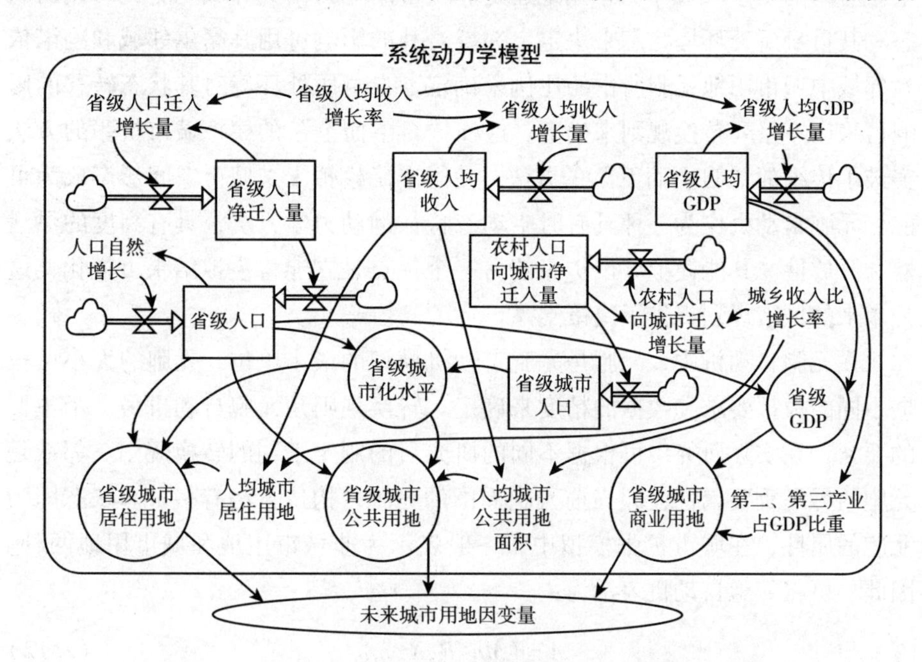

图 2.7　一种典型的系统动力学模型用于城市用地需求预测

资料来源：Han，J.，et al.，Application of an integrated system dynamics and cellular automata model for urban growth assessment：A case study of Shanghai，China. Landscape and Urban Planning，2009，91（3）：133－141.

力学模型能较好地解释城市扩张的社会经济驱动力，但是它不能预测未来城市用地增长的空间分布。

2.6.4 元胞自动机

元胞自动机（Cellular Automaton）最早是由冯诺依曼（J. von Neumann）在用计算机模拟生命游戏时创造的一种基于离散格网的动态时空模型（Santé et al.，2010）。斯蒂芬·沃尔弗拉姆（Stephen Wolfram，1984）则将其发展用于模拟自然现象的变化过程之中。托布勒（W. R. Tobler，1970）则第一次将其用于模拟地理现象的时空动态模拟之中。随后，元胞自动机因其具有采用简单的规则模拟出复杂的非线性过程的能力，且具有较好与高分辨率遥感影像融合的特点，被城市地理学家广泛用于模拟城市扩张之中。在元胞自动机中，城市景观被抽象成不同分辨率大小的格网（俗称元胞），一个元胞在某一时刻的状态（属于城市用地还是非城市用地）由其邻域元胞此时刻的状态和其自身所处环境状态来决定。邻域对其的影响可用其摩尔邻域和冯诺依曼邻域中城市用地元胞所占的比例来确定。自身所处环境对其状态转移的影响可采用一系列转换规则来确定。这种“自下而上”的模拟城市扩张的方法突破了传统的“自上而下”的方法，使得准确模拟未来城市空间形态成为可能。元胞自动机作为一种具有时空动态特征的动力学方法，具有高度的灵活性和开放性。其能模拟城市扩张的另一个优点是它能将模拟结果可视化，这为未来的城市规划提供了决策支撑。

在元胞自动机中，元胞是元胞自动机模型的最小单位，元胞的大小可根据不同的模拟要求和数据的精度来确定。转换规则是元胞自动机另一个主要的要素，在实际研究中可根据不同的研究目的制定不同的转换规则。邻域是元胞的另一重要属性，即当前元胞周围的元胞，构造方法有多种。状态即为元胞的属性，在城市扩张模拟中，一般表示为非城市用地和城市用地两种。因此，可将元胞自动机表示为：

$$A = (Mn, R, X, \pi) \tag{2.12}$$

式（2.12）中，A 代表一个元胞自动机系统，n 表示 n 维元胞空间；R 是元胞所有状态的几何；X 表示领域内所有元胞的集合；π 代表转换规则。

在城市扩张模拟中，转换规则可以通过多种手段获取，如逻辑回归、人工神经网络等方法。在城市扩张模拟中元胞自动机有以下特点：

（1）元胞分布在规则划分的网格上；

（2）元胞具有0、1两种状态，0代表“非城市用地”，1代表“城市用地”；

（3）元胞以相邻的8个元胞（摩尔邻域）或上、下、左、右4个元胞（冯诺依曼邻域）为邻居，如图2.8所示；

（4）一个元胞的状态由其在该时刻本身的状态和其邻域的状态所决定。

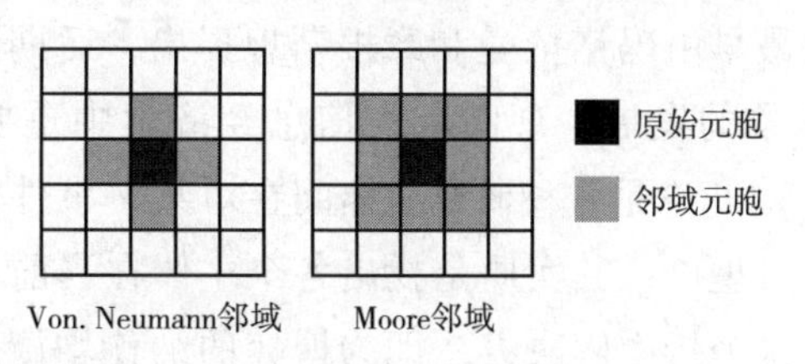

图2.8　两种常用的元胞自动机邻域

2.6.5　多主体

多主体系统（multi-agent systems）是将多个具有独立决策行为的智能个体集合成的高度智能化的系统。多主体系统中的每个主体都对某一行为具有独立的决策能力，每个主体都有自己的行动目标、行动方法以及行动规划等。主体与主体之间具有相互影响、相互交流的行为。同时，主体能对自身环境的变化作出及时的反馈行为。多个主体通过对环境和其他主体决策行为的反馈，自身作出决策构成一个决策集合决定系统的最终发展状态。

地理空间系统是一个典型的复杂系统，它的动态发展是微观空间个体相互作用的结果。多主体的核心思想使微观个体的行为能产生宏观的全域格局。CA虽然在模拟地理自然条件与邻域对非城市用地元胞转换为城市用地元胞时具有强大的时空计算能力，但它仍然无法对影响城市扩张背后复杂的社会经济因素以及人地关系进行强有力的解释。而多主体系统则能较好地模拟人的决策行为。赋予主体各种社会经济属性，使城市扩张模拟模型不仅能反映影响城市扩张的自然环境因素，同时又考虑了影响土地利用格局演变的人文社会经济因素，以此使得模拟与现实世界更为接近。但目前有关主体的研究尚处于初级阶段，很多空间主体模型尚处在概念模型之中，如何将多主体模型进行扩展用于现实世界中以及如何构建主体之间复杂的交互规则是当前空间主体研究中的难点。

2.6.6 博弈论

在城市土地开发过程中，主体之间的博弈结果对城市用地转换具有决定性作用。将博弈论引入城市扩张模拟中能较好地模拟城市扩张背后主体间的博弈机制。博弈论最早由冯诺依曼和摩根斯坦提出，后期经过纳什、泽尔腾和海萨尼等经济学家的发展，现已成为信息经济学中重要的研究方法之一（张维迎，2004）。博弈论是一种研究主体间在对某一事件作出决定时相互作用又相互依赖的决策理论，其实质是找出各个主体在当前环境中对某一事件的折中解决办法。这个折中解决办法即为博弈的纳什均衡。在事件博弈过程中，一个人的选择行为不仅受到自身所处环境的影响，还受到其他主体决策行为的影响。个人的最优选择并不是其自身的绝对最优选择，而是依附于其他主体选择行为的相对最优选择。在博弈论中，根据博弈者的先后行动顺序和其对战略空间以及支付函数的了解程度可将博弈划分为四种不同类型。纳什均衡是一个博弈的均衡解，四种不同类型的博弈分别对应不同的纳什均衡，如表 2. 2 所示。

表 2. 2　　博弈的分类及对应的纳什均衡

	静态	动态
完全信息	完全信息静态博弈； 纳什均衡	完全信息动态博弈； 子博弈精炼纳什均衡
不完全信息	不完全信息静态博弈； 贝叶斯纳什均衡	不完全信息动态博弈； 精炼贝叶斯纳什均衡

博弈还可有战略式表述和扩展式表述。一般而言，两人有限战略式博弈可用一个矩阵来表示。战略式博弈包括三个要素：参与人，所有参与人可选择的战略以及支付函数。扩展式表述的博弈通常用博弈树来表示，如图 2. 9 所示。博弈树主要由枝和节构成，每个节点表示博弈者每一次所作出的决定，每条枝代表博弈人可以作出的战略选择。而扩展式博弈通常还需要 2 个要素：参与人选择行动的时间点和每个参与人在每次选择行动时对以前行动选择的信息。

1. 参与人

参与人是指一个博弈中的主体，既可是独立的个人也可是组织或者企业。参与人在博弈中的最终目标总是使自己的利益最大化。在城市土地开发过程中，参与人可以是政府、农民、开发商和居民等。

2. 策略集合

参与人的策略是指在一定的信息集下，参与人的行动准则。这个准则指明了参与人在何时作出何种行动。策略集合是一个参与人在一个博弈中所有策略的集合。比如，在中国城市土地开发中，政府对某一块非农用地，其策略可以是 Sg =（征收、不征收）；农民的策略可以是 Sf =（合作、不合作）；开发商的策略可以是 Sd =（开发，不开发）等。

3. 收益函数

参与人的收益函数也常称之为支付。支付是指参与人作出选择后得出效用水平。在城市土地开发过程中，决定政府、农民和开发商支付效用的因素不完全相同。诸如市场、土地利用政策、开发风险等都会影响各自的支付效用。

4. 博弈次序

博弈的参与人在选择策略时，是按给定的博弈次序来进行选择和行动的。博弈的次序直接影响博弈的结果。

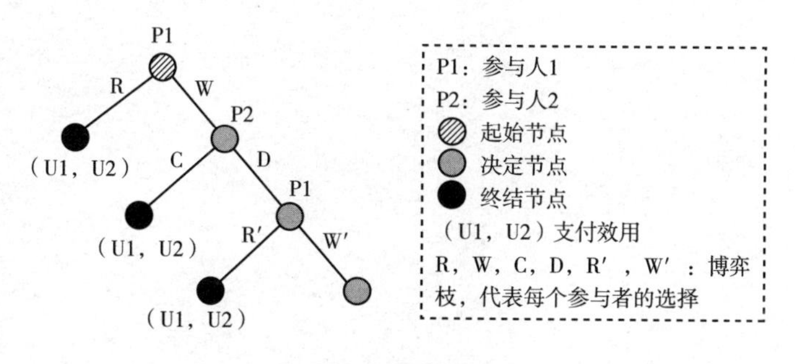

图 2.9　博弈树结构

在城市扩张过程中，对非城市用地转换为城市用地作出最终决定的是背后相关的不同利益集体或个人。在中国，非城市用地转换为城市用地涉及土地使用权变更的问题，通常是政府通过行政手段从农民手中征收或征用，然后以“招、拍、挂”的形式出让给开发商开发为不同类型的城市用地。在土地征收或征用的过程之中，背后的博弈机制决定了非城市用地是否能最终转换为城市用地。博弈论能深入地显现这种土地开发背后当事人之间的博弈过程，能及时地弥补现有空间决策模型不能很好地融合土地开发过程中人与人之间的关系以及人地关系的不足，因此，将博弈论与土地利用变化空间决策模型结合起来能更好地模拟未来城市用地的空间扩张，为土地利用管理者和城市规划者提供更加科学、合理的决策工具。

第3章 城市扩张多层次和多维度测度

自从1978年以经济自由化为导向的市场经济在我国实行以来，我国经济飞速发展，城市不断扩张，农村居民大量涌入城市，中国进入了前所未有的城市化发展阶段（Chen et al.，2013）。根据联合国的预测，到21世纪中叶，中国的城市人口将超过10亿（United Nations，The Population Division of the Department of Economic and Social Affairs at the United Nations，2012）。如此巨大的城市人口增长将不可避免的增加对城市土地的需求。尽管城市化促进了经济发展并提升了居民生活水平，但同时也带来了耕地大量流失（Liu et al.，2008）、土壤污染和水污染风险增加（Chen et al.，2013；Su et al.，2011）、地方和区域气候恶化（Kalnay and Cai，2003）等诸多不利影响。在这种背景下，了解城市增长格局并寻求其变化的驱动因素十分关键，这些因素是制定土地可持续性利用政策的基础。

中国城镇化的主体是多重地域单元的集合（吴志强等，2011）。不同地域单元在城镇化的进程中因发展目标、发展模式及动力、政策导向等不同而表现出差异性，使得在评估城镇化水平时需要针对不同层次的地域单元制定不同的指标加以区分。当前国内有关城市扩张测度方面的研究大多针对一个特定的城市展开，缺乏对城市组团地区或城市群等大尺度的区域宏观研究以及乡镇街道小尺度的微观研究。在全球经济一体化的新形势下，以若干个大城市为核心的城市群正在成为一种具有全球意义的城市与区域发展模式和空间组合的新模式，并日益发展成为国家级且具有国际意义的产业群体、重大基础设施项目以及科技文化的创新中心。中国城市群是中国未来经济发展格局中最具活力和潜力的核心地区，是中国主体功能区划中的重点开发区和优化开发区，在全国生产力布局格局中起着战略支撑点、增长极点和核心节点的作用（方创琳等，2005；方创琳和关兴良，2011）。因此对城市群总体的城市用地扩张进行测度及效应评价有助于及时认清区域整体城市无序蔓延的态势，提高区域城市土地利用效率，优化区域内部土地利用配置，缩减区域内部发展的不平衡，保护区域自然生态环境。城市层次是城市扩张监测中聚合度最高的层次，是将城市作为一个整体进行监测和分析。在我国，除了自治区和直辖市以外，城市大部分属于第二级行政体系。在城市层次监测城市扩张，有利于把握城市发展的整体情况，对城市扩张的程度和方式等有全面的认识。中国自经济体制改革以来，尤其是在土地使用权和所有权剥离开以来，城市扩张的现象就伴随着快速的经济发展和人口增长在中国的许多大城市中越来越明显，这使得城市发展的形态越来越趋于分散化和多中心化。在中国，建设用地的面积或比例成为反映城市扩张程度的主要指标，并且广泛应用于城市扩张的监测、城市景观变化的分析和对应的控制策略的制定中。但是，不可否认的是，我们在微观层次上对城市用地空间结构的掌握还是有限的，而城市空间形态的分析需要将研究单元分解得更细，需要更微观的数据，而在这一点上现有的研究成果较为缺乏。尽管也有在栅格单元或者街道层次上对城市扩张进行监测的研究，但是多尺度的定量分析框架却还未形成。对城市扩张测度指标的设计必须要充分考虑到微观尺度上的控制作用，这是因为城市管理者和规划人员会依据这些指标作出决策来控制城市扩张的负面效应并引导城市扩张向良性方向发展（Bhatta et al.，2010a）。另外，受制于遥感影像的不同空间分辨率，城市土地利用类型的信息丰富度也不尽相同，中低分辨率的遥感影像难以精确提取城市内部复杂的土地利用类型信息，而高分辨率的遥感影像又不适宜进行大范围城市扩张研究（高金龙等，2013）。

除此之外，目前城市扩张测度因子缺乏对其扩张效应进行定量测度的因子。城市扩张一方面促使社会经济的发展，另一方面也带来了诸如侵占耕地、加剧城市热岛效应等生态环境问题。目前，绝大多数研究主要关注城市扩张所带来的负面效应（Habibi and Asadi，2011）。现如今，由于西方发达国家已经处于后工业化、城市化时代，社会经济发展水平已经处于较高的水平，人们往往更加关注城市扩张所带来的负面效应。在这些负面效应之中，城市扩张所引起的环境问题是人们最重视的。欧美发达国家的城市扩张加剧了城市居民对小汽车依赖的生活方式。小汽车数量的增加不仅增加了能源消耗，而且加大了有害气体的排放，使得空气受到不同程度的污染，从而威胁人类的健康（Ewing，1997；Kahn，2000；Johnson，2001）。城市扩张另外一个重要的生态环境效应就是侵占大量的耕地、林地以及水域等重要生态用地，从而对粮食安全、景观生态安全、区域气候以及生物多样性带来不同程度的负面影响（Alberti，2005；刘彦随等，2009；Su et al.，2010；Miller，2012；Sung and Li，2012）。除此之外，不同的学者还认为城市扩张增加了交通通勤时间和成本（Camagni et al.，2002；Carruthers and Ulfarsson，2003），以及提供公共服务设施的成本（Hortas-Rico and Solé-Ollé，2010）。中国自1978年改革开放以来，社会经济飞速发展，城市用地空间不断扩张。尽管城市扩张为中国的经济发展作出了巨大的贡献，但与此同时也产生了一些生态环境后果（方创琳等，2008）。前人的研究表明：城市扩张的效应可以分为社会效应、经济效应以及生态环境效应（Habibi and Asadi，2011；Ewing，2008；张俊凤和徐梦洁，2010），而且社会经济效应和生态环境效应之间还具有交互胁迫和耦合共生的关系（方创琳等，2008）。国内已有的研究对城市扩张的社会经济效应以及生态环境效应从人口聚集、居民生活水平、经济总量及结构优化以及从生态条件、环境质量和环境治理水平等方面作了较为详细的研究。但现有研究往往注重对某一方面的效应进行评价，几乎忽略了城市用地空间扩张对区域景观格局的影响，对城市扩张的综合效应测度较少。

另外，许多对中国城市扩张的研究都集中在北京（Li et al.，2013）、上海（Zhang，2011）、南京（Luo and Wei，2009）、广州（Ma and Xu，2010）等单个大城市，而对区域尺度的城市群城市空间扩张及其驱动力研究较少。城市群已经在国际竞争和国际劳动分工中成为基本地域单元（Scott，2001）。根据相关报告，中国28个城市群虽然只占了全国21.98%的国土面积，却承载了全国44.36%的总人口和60.43%的非农业人口，吸纳了全国62.29%的固定资产投资，创造了全国76.85%的经济总量，77.72%工业产值，70.04%的社会消费品零售总额和95.75%第三产业产值，同时提供了67.30%的财政收入，73.09%的进口总额，80.40%的出口总额，吸引了94.16%的外商投资，并承担了40.92%的食品供给（方创琳等，2005）。因此，急需更多的研究来探索发展中国家尤其是像中国这种社会主义制度的国家，城市扩张的格局和动因。

因此，基于以上原因建立不同尺度的城市扩张定量测度指标体系实属未来城市扩张研究的必然。尽管地学领域有关分区的研究已广泛存在于土地整治、土地集约利用、区域规划、城市群研究中，当前在针对城镇化的研究中还未形成共识的地域单元划分方法。鉴于数据的可获取性及行政区域的完整性，在对城市扩张的特征和相关研究的综述基础上，本章提出了一种多维度测度城市扩张的方法，即从城市扩张的密度、速度、形态、结构、扩展类型、邻近性、梯度、城市化水平、协调度、集聚度以及关联度13个方面，构建适用于测度城市和城市群两种尺度的城市扩张定量测度指标体系，城市尺度适用于对单个城市的城市扩张进行度量，城市群尺度指标体系主要侧重度量城市扩张引起的城市与城市之间空间联系的变化。

3.1 传统的城市扩张多维度测度因子体系

传统的城市扩张测度研究中，多以单一城市为研究对象，侧重测度城市用地的规模和格局的变化。如城市用地面积、密度的变化、城市扩张速度、城市扩张导致的城市形态的变化、城市扩张导致的城市空间分布随着离城市中心距离变化的规律以及城市用地变化与GDP、人口和就业之间的协调程度等（见表3.1）。这些指数大多从景观生态学和形态学中借鉴而来。如将城市用地作为一种城市景观，测度其斑块大小、斑块形状、斑块面积以及斑块多样性的变化等。虽然这些指标能较好地定量表达单个城市的多维特征。但不能很好地测度城市群体中多个城市扩张之后，城市与城市之间空间关联效应的变化，如城市与城市之间的集聚度、关联度以及均衡度的变化。除此之外，这些指数并不能较好地反映城市扩张对社会经济以及生态环境的效应变化。

表3.1 基于规模与格局的城市扩张测度指标体系

维度	指标名称	适用范围	单位
面积	城市用地总面积变化	城市	平方千米
	人均城市用地面积变化率	城市	无量纲
密度	城市人口密度变化	城市	人/平方千米
	城市用地斑块密度变化	城市	人/平方千米
	地均GDP变化	城市	万元/平方千米
速度	年均扩张速率	城市	%
	年均扩张面积	城市	平方千米/年
城市化水平	人口城市化率	城市	%
	土地城市化率	城市	%
协调度	城市用地规模增长率与城市人口增长率弹性系数	城市	无量纲
	城市用地增长率与GDP增长率弹性系数	城市	无量纲

续表

维度	指标名称	适用范围	单位
形态与景观格局	破碎度	城市	无量纲
	景观形状指数	城市	无量纲
	聚集度指数	城市	无量纲
	城市紧凑度变化	城市	无量纲
	城市形式比变化	城市	无量纲
扩张类型	填充式扩张	城市	平方千米
	外延式扩张	城市	平方千米
	蛙跳式扩张	城市	平方千米
梯度	城市扩张梯度	城市	无量纲

3.1.1 城市扩张数量与结构变化

1. 规模

规模维度一般从城市用地总面积和人均城市用地总面积两个方面测度城市扩张情况。

2. 密度

城市扩张的一个最典型特征就是快速扩展区域人口、就业、建设用地等密度较低地区（Habibi and Asadi，2011；Ewing，2008）。密度反映了人类对土地开发利用的强度。人口、建设用地斑块数与面积和 GDP 总量数据在区域、城市和区县层次上都比较容易获取，因此我们采用人口密度、建设用地斑块密度和地均 GDP 来衡量城市扩张的密度维特征。

3. 速度

为了便于横向比较不同研究时期城市土地利用扩展的强弱或快慢，可计算各空间单元的年平均扩展速度，它的实质就是用前一时期的城市用地面积来对其年平均扩展速度进行标准化处理，使其具有可比性。年均扩展面积可以直观反映每年城市扩展的规模。城市用地规模增长弹性系数是指城市用地增长率与城市人口增长率之比，反映了用地增长与人口增长的协调程度。

4. 城市化水平

城市化水平主要从人口城市化率和土地城市化率两个指标度量城市化水平，人口城市化即非农业人口与总人口之比。对于土地城市化率，不同的研究者有不同的计算方法（王洋等，2014），有人认为土地城市化率是城市用地面积与土地总面积之比，而有的研究者认为土地城市化率是城市用地面积与城区面积之比。因“城区”是一个比较模糊的概念，在当前学术界并未有统一的定义，更没有实质的计算方法。本书中土地城市化的本意是指城市用地的相对规模，因此，土地城市化率用城市用地总面积与区域总面积之比来表示。

5. 协调度

协调度指标主要反映了随着城市用地不断扩张，土地与人口、就业和经济总量之间的协调程度。土地城镇化速度过快，人口与经济发展水平太慢，那么城市扩张协调度较低，土地资源集约利用度就低。分别用城市用地增长率与城市人口增长率弹性系数和城市用地增长率与 GDP 增长率弹性系数来衡量土地与其他两者直接的协调发展程度。

3.1.2 城市扩张形态与格局变化

1. 形态与景观格局

城市用地空间形态的聚集程度及均匀程度等直接影响到城市交通、城市通信、基础设施和公共设施规划以及资源利用效率等（王新生等，2005；Liu et al.，2012）。景观格局指数能有效地反映景观格局的空间特征（刘小平等，2009；张金兰等，2010），破碎度（*PD*）、选用斑块形状指数（*LSI*）和聚集度指数（*AI*）来测度城市用地斑块的多维变化，这些指数之间存在较小的相关性，能有效地刻画城市用地的斑块结构变化及形状变化（Botequilha Leitão and Ahern，2002）。*PD* 是指城市用地斑块类型在每平方千米上的斑块数。*PD* 是反映景观空间异质性的指数，其取值越大说明景观或景观类型的空间结构越复杂，破碎度越高，且空间异质性越大。该指数可以用于对比不同研究单元的格局。斑块形状指数是指城市用地斑块中所有斑块边界的总长度除以景观总面积的平方根，再乘以正方形矫正常数。*LSI* 集中反映了城市用地斑块形状复杂度，取值越大表明景观或景观类型斑块的形状不规则性越强。聚集度指数在城市景观研究中主要用于分析城市用地斑块的聚合程度，聚集度指数越大表明城市用地越紧凑。除了利用景观格局指数定量测度城市扩张导致斑块形态的变化之外，本章还利用城市形式比，紧凑度和延长率三个指标度量城市空间形态的变化。城市形式比（FR）能在一定程度上反映城市内在联系密切程度。霍顿1932年基于long-axis-based方法提出形式比概念（Rushton et al.，1980），具体公式如下：

$$FR = A/L^2 \tag{3.1}$$

式（3.1）中，A为城市面积，L为城市长轴的长度。研究普遍认为，一个城市的FR从1/2到$\pi/4$时，这个城市的内在联系更密切。

紧凑度反映了城市整体形态的紧凑程度。紧凑度（CR）概念由科尔（Cole）提出，使用城市区域最小外接圆作为标准来测量区域的形状特征（Cole，1964）。紧凑度的公式为：

$$CR = A/A' \tag{3.2}$$

式（3.2）中，A为城市面积，A'是城市最小外接圆的面积，该比率越高说明城市的紧密性越好，紧凑度越大。

2. 扩展类型

类型维指标主要用于描述在一定时间阶段内城市建设用地扩展的空间分布特征。本章利用最小包围盒方法识别外延型、填充型和蛙跳式这三种扩展类型（刘小平等，2009），然后计算各自的比例分布来度量城市扩张的空间分布规律。

3. 梯度

梯度分析可以用于阐释建设用地指标、景观指标、密度指标等的时空动态变化特点。在城市层次上，采用面积—城市中心距离指数度量建设用地面积的面积比例随离市中心的距离变化的规律。在本书中，以建设用地重心作为城市中心，以城市中心为圆心，以5千米为半径，递增向外画圆环直至覆盖整个研究区，最终形成17个环区。以每个环区建设用地面积占整个环区总面积的比例随着距离的变化来分析城市用地增长的梯度变化。

3.2 面向城市群的城市扩张多维度测度因子体系

地理学中的尺度是指研究对象的时间和空间范围或者数据收集和处理的基本单元（陈睿山和蔡运龙，2010）。自然地理系统的等级性与层次性决定了地理研究对象的尺度依赖性。而不同地理空间数据源（如遥感影像）的不同空间分辨率导致了信息载体的不同空间粒度。因此，适宜尺度选择是土地利用变化研究中要解决的重要问题之一。城市系统本身就具有明显的等级层次性。在中国，因存在明显的城乡二元性，可将其分为“城市区域—城市—区县”三级层次体系。随着城市发展的离心扩散过程，当今城市的各项功能（如就业、商业、娱乐、教育及医疗等）的影响范围已经远远超出城市建成区，城市与周围地域之间的社会经济联系也越来越密切。城市群已作为经济活动开展和国际分工的基本地域单元，中国城市群是中国未来经济发展中最具活力和潜力的核心区域（方创琳和关兴良，2011）。因此对城市群内多个城市空间扩张而导致的城市之间联系的变化进行测度具有十分重要的意义。这些测度因子主要包括对多个城市扩张而导致的区域整体空间均衡度的变化、空间集聚度、空间关联度以及空间扩张效应的变化（见表3.2）。

表3.2 面向城市群的城市扩张测度指标体系

维度	指标名称	适用范围	单位
均衡度	城市位序规模变化	城市群	无量纲
集聚度	空间集聚度变化（Getis-Ord Gi*统计）	城市群	无量纲
相关度	空间相关度变化	城市群	无量纲
吸引力	城市间空间吸引力变化	城市群	无量纲
扩张效应	综合效应	城市群	无量纲
	耦合效应	城市群	无量纲

3.2.1 城市扩张均衡度变化

城市扩张均衡度是指随着城市空间扩张，城市规模分布的均衡程度。城市扩张最佳均衡程度并不是指城市群中各城市规模分布趋于面积大小相等，而是趋于按照一定的等级顺序进行分布。城市规模分布是指按照人口或者经济指标对一个区域或者一个国家的城市体系进行大小排序，其规模位序和规模之间的一种分布规律（许学强等，1997）。前人的研究表明，位序规模法则能较好地刻画这种关系。将区域内部所有城市按照人口或者经济规模对其进行大小排序，则位序规模法则可表示为：

$$P_i = P_1 \times R_i^{-q} \tag{3.3}$$

对式（3.3）两边取对数可得：

$$\ln P_i = \ln P_1 - q\ln R_i \tag{3.4}$$

式（3.4）中，P_i 为第 i 位城市的人口，P_1 为首位城市的人口规模，R_i 为城市 i 的位序；q 为位序规模指数，也常称之为 Zipf 维数（陈彦光和刘继生，2001），回归拟合度 R^2 与 q 的比值 D 则称之为分维数。对于位序规模指数 q 的意义一般有：当 $q<1$ 时，即 $D>1$ 城市分布较均匀，大城市规模相对不大，中小城市发育与大城市相比差距较小。$q=1$ 是位序规模法则的一种特例，也称之为齐夫法则，是一种最为理想的城市规模分布。当 $q>1$ 时，即 $D<1$ 时，城市规模分布不均衡，大城市相对较大，中小城市与大城市相比发育不足。当 q 变大时，说明城市体系越来越不均衡；当 q 变小时，说明城市规模分布均衡程度逐渐提高。

尽管可以从不同角度度量城市规模大小，但对于城市体系规模分布，多数研究都采用城市人口作为位序规模法则的输入指标。但也有研究表明，对于人口流动性较强的中国，采用城市人口或者非农业人口并不能较好地刻画城市规模分布规律。因此，有学者提出，采用城市用地作为位序规模分布法则的输入指标或许能更加客观真实地反映区域城市体系规模分布规律。本章利用位序规模法则，分别采用城市人口和城市用地这两个指标来度量武汉城市圈 1988 ~2011 年城市规模分布均衡度的变化。其中，由于在 2000 年之前武汉城市圈并未发布各区县的城市人口指标，故以城市人口表征的位序规模分布仅测度 2000 ~2011 年其均衡度的变化。

3.2.2　城市扩张空间集聚度变化

城市扩张集聚度变化是随着城市用地空间斑块扩张而造成的空间集聚和空间分散现象。Getis 和 Ord 的 G 统计指数能测度空间集聚特征（Ord and Getis，1995；Getis and Ord，2010）。其中，通过比较全局Getis-Ord General G 指数的变化能测度整个城市群区域城市扩张变化引起的空间集聚特征变化。Getis-Ord General G 的公式为：

$$G(d) = \sum \sum W_{ij}(d) x_i x_j / \sum \sum x_i x_j \tag{3.5}$$

式（3.5）中，W_{ij} 为以距离 d 定义的空间权重；d 为各城市中心的距离，x_i 和 x_j 分别为以城市用地比例定义的城市 i 和城市 j 的城市化指数。$G(d)$ 的期望值 $E(d)$ 为：

$$E(G) = \frac{W}{n(n-1)} W = \sum \sum W_{ij}(d) \tag{3.6}$$

同时，$G(d)$ 的检验统计值为：

$$Z(G) = \frac{G - E(G)}{\sqrt{Var(G)}} \tag{3.7}$$

当 $G(d)$ 高于 $E(G)$，且检验通过时，区域有明显的高值集聚特征；反之，当 $G(d)$ 低于 $E(G)$ 时，区域有明显的低值集聚特征。若 $G(d)$ 趋近于 $E(G)$，则说明城市扩张在空间上呈现随机分布。

3.2.3 城市扩张空间相关度变化

地理自然现象在空间上有着不同程度的空间自相关性。城市扩张在空间上自相关性突出表现在邻近区域之间的相互影响。空间变差函数是描述区域化变量随机性和结构性的有效方法，能较好地测度城市空间扩张导致的区域内部空间相关性变化。空间变差函数能从数学上对区域化变量进行严格分析，是空间变异规律和空间结构分析的有效工具，对刻画地理变量的空间相关性与空间变异性有显著效果。设区域化变量 $Z(x)$ 和 $Z(x+d)$ 是变量 A 在位置 x 和 $x+d$ 上的观测值，$E[Z(x)-Z(x+\mathrm{d})]^2$ 为仅仅依赖于分割它们的向量 h（距离 $|h|$ 和方向 a）的期望值。空间变差函数是在任一方向，相距为 d 的两个区域化变量 $Z(x)$ 和 $Z(x+d)$ 的增量的方差，其公式为：

$$\gamma(h) = \frac{1}{2N(h)} \sum_{i=1}^{h} [Z(x) - Z(x+d)]^2 \quad i = 1,2,\cdots,N(h) \tag{3.8}$$

一般而言，空间变差函数增大，空间自相关性减弱。空间变差函数有几个较为重要的参数能反映城市扩张过程中空间相关性变化，如图 3.1 所示。其中，块金值 C_0 表示空间密度变化幅度，块金系数 $C_0/(C_0+C)$ 反映这种变化程度；基台值 C_0+C 表示半变异函数变量随着间距增加到一定尺度后出现的平稳值；变程 a 为空间相关的最大间距。本章利用空间变差函数测度武汉城市圈 5 个时间点城市空间相关性和变异性，以定量测度武汉城市圈随着各城市不断扩张其空间关联程度的变化。

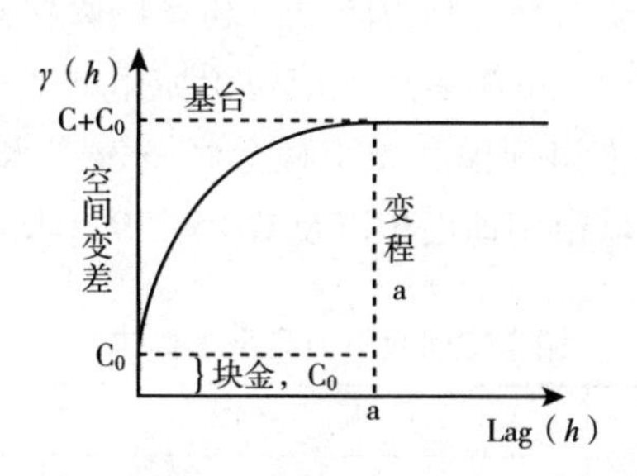

图 3.1　空间变差函数

资料来源：靳诚，陆玉麒．基于空间变差函数的长江三角洲经济发展差异演变研究［J］．地理科学，2011，31（11）：1329－1334.

3.2.4　城市扩张空间吸引力变化

城市间物质、能量、就业以及信息流时刻在不停流动与交换，城市空间吸引力把城市群之间大小不一、空间位置和功能单一的孤立城市联系在一起以确保城市组团在一个区域内能具有稳定的空间结构并以此发挥更广泛的功能和潜力。城市地理学家为了测度城市与城市之间空间吸引力的变化，将物理学中的重力模型引入城市地理学中。早在 1931 年，莱利（Reilly，1929）就针对城市间零售商店之间的吸引力进行了初步研究，认为零售商店之间的吸引力与城市规模成正比，而与城市之间的距离成反比（Reilly，1929）。随后，乔治·金斯利·泽普和约翰·斯图尔特（Zipf，1946；Stewart，1948）第一次将牛顿的重力模型用于量化这种社会经济活动之间的吸引力。康弗斯（P. D. Converse，1949）则认为城市与城市之间或者社会经济活动之间的吸引力并不完全是连续的，而是在两者之间具有一个“断裂点”。然而断裂点仅仅是以城市和社会经济活动在两个点之间发生为前提，这显然也不能解释社会经济活动之间的连续性空间影响范围。Vronoi 图是一种以空间点某一属性为权重而确定点源影响范围的图论方法。利用加权 Vronoi 图与断裂点理论相结合可以很好地识别城市群内部每个城市的城市吸引力变化。城市规模大小和社会经济强度作为城市中心的吸引力权重，两个城市之间的断裂点组成城市吸引力边界。因此可表示为：

$$d_A / d_B = \sqrt{P_A / P_B} \tag{3.9}$$

式（3.9）中，. d_A和 d_B分为别为城市 A 和 B 的吸引力断裂点；p_A和 p_B为城市吸引力强度，各个方向上的断裂点组成每个城市的吸引力范围。吸引力强度用城市用地规模、城市人口规模和城市社会经济发展水平来衡量。在本章中，选取城市非农业人口、城市用地面积以及 GDP 等 9 个指标确定（见表 3.3）。

表 3.3　城市空间吸引力测度指标体系

指标	因子	单位
城市规模水平	城市非农业人口数量	万人
	城市用地面积	平方千米
	GDP 总量	亿元
	地方财政收入总量	亿元
城市社会经济发展水平	固定资产投资	亿元
	城市居民人均收入水平	万元/人
	商品零售品总额	亿元
	城市公共设施完备度	无量纲
	城市基础设施完备度	无量纲

表 3.3 中每个指标的权重采用主成分分析法求得，以主成分分析法求得的权重加权求得各城市的吸引力分值。针对利用主成分分析法求取分值可能出现负值的情况，采用公式 将其转换到［1，10］的范围内：

$$s = (s_0 - D_{min})/(D_{max} - D_{min})(D_{new\_max} - D_{new\_min}) + D_{new\_min} \tag{3.10}$$

式（3.10）中，s 为转换后分值；s_0为主成分求得的初始值；D_{min}为初始值最小值；D_{max}为初始值最大值；D_{new_min}为新范围最小值，此处为 1；D_{new_max}为最大值，此处为 10。

3.2.5　城市扩张效应变化

城市扩张空间关联效应是指随着城市群区域内部各个城市不断向外扩张

带来经济总量、人口集聚、人们生活水平提升的正面效应以及生态用地不断减少，城市环境日益恶化的负面效应。本章从社会效应、经济效应、环境效应以及景观生态效应等4个方面构建指标体系来评价城市扩张综合效应测度指标。城市扩张的社会效应指城市用地的增加对人口、交通等方面的影响。选取人口城镇化水平、人均耕地面积以及交通便捷度三个指标来衡量其社会效应。经济效应指城市用地扩张对经济总量和结构产生的影响。选取固定资产投资额与GDP比值、人均可支配收入、人均GDP以及第二、第三产业占GDP比例四个指标来衡量城市扩张的经济效应。环境效应主要指城市扩张对绿地、水体等生态用地的破坏以及城市生产、生活所造成的环境污染。景观格局效应指城市用地空间扩张对区域整体景观的连接度、破碎度以及形状复杂度的影响。指标及说明如表3.4所示。

表3.4　城市扩张综合效应测度指标

目标	指标	含义及与城市扩张之间的关系	单位
社会效应	人口城镇化水平	城市人口占总人口的比例。人口城镇化水平越高，城市用地对人口的聚集作用越大	%
	人均耕地面积	耕地总面积与区域总人口之比。区域城市用地面积越大，区域内部耕地面积相应地可能会减少，由此会对整个社会的粮食安全产生影响	公顷/人
	交通便捷度	交通便捷度用路网密度来衡量，路网密度越大，交通便捷度越高	
经济效应	固定资产投资额与GDP比值	从投入与产出的角度反映城市用地的经济效应。固定资产投资额与GDP比值越小，城市用地的经济效应越高	%
	人均可支配收入	从居民收入的角度反映城市用地的经济效应。人均可支配收入越高，城市用地的经济效应越高	元/人
	人均GDP	从人均产值来反映城市用地经济效应。人均产值越高，城市用地的经济效应越高	元/人
	第二、第三产业产值占GDP比例	从产业结构的角度反映城市用地的经济效应。第二、第三产业产值占GDP比例越高，城市用地的经济结构优化价值越高	%
生态环境效应	“三废”排放量	废水、废气及工业废弃物排放量	
	绿地覆盖率	区域绿地总面积占区域总面积之比。城市用地扩张侵占绿地越多，城市用地的生态环境效应越低	%
	水体百分比	区域水域面积占区域总面积的比例。城市用地扩张侵占水域越多，城市用地的生态环境效应越低	%

续表

目标	指标	含义及与城市扩张之间的关系	单位
景观空间格局效应	景观破碎度	城市用地以跳跃式扩张会加剧区域整体景观的破碎度	—
	景观连接度	城市用地扩张会影响区域景观连接度，从而影响生物多样性	—
	景观形状复杂度	城市用地斑块的增加会导致区域景观斑块形状复杂性增强，从而导致一定的边界效应，不利于整体景观的稳定性	—

1. 权重确定

权重确定的方法通常有主观确定和客观确定两类。主观确定权重的方法有特尔斐法、层次分析法等，客观确定权重的方法有主成分分析法、因子分析法以及熵值法等。为了排除人为因素的干扰，本章选取熵值法确定各评价因子的权重。具体的步骤如下：

将所有数据按照式（3. 11）进行标准化处理，计算第 i 年份第 j 项指标值的比重：

$$Y_{ij} = \frac{X_{ij}}{\sum_{i=1}^{m} X_{ij}} \tag{3. 11}$$

计算指标信息熵：

$$e_j = -k \sum_{i=1}^{m} (Y_{ij} \times ln\, Y_{ij}) \tag{3. 12}$$

计算信息熵冗余度：

$$d_j = 1 - e_j \tag{3. 13}$$

计算指标权重：

$$w_i = d_j / \sum_{j=1}^{n} d_j \tag{3. 14}$$

式（3. 14）中，X_{ij} 表示第 i 个年份第 j 项评价指标的数值；$k = 1/lnm$，其中 m 为评价年数，n 为指标数。

2. 多因素综合加权评价法

将获取的权重与标准化处理后的数据按式（3. 15）计算最终可得各年份

武汉城市圈城市扩张效应得分：

$$S_{ij} = w_i \times X_{ij}^t \tag{3.15}$$

城市扩张的社会经济效应和生态环境效应之间具有耦合协调关系。城市扩张过程中随着城市用地规模的增大，城市用地会产生客观的社会经济效应。而随着城市用地规模的继续增大，又会对资源环境带来一定的压力，甚至对生态环境产生不可逆的破坏，因此，伴随着社会经济效应的增长，城市用地扩张相应地产生生态环境效应，这二者之间在不同时期既可是胁迫发展的也可是耦合共生的。城市用地的社会经济与生态环境效应是复合系统的两个子系统，可将二者视为一个复合系统。根据一般系统论中系统演化思想可以分析城市扩张过程中两个子系统的动态耦合状态。城市扩张过程中社会经济与生态环境的变化过程是一种非线性过程，其演化方程为：

$$\frac{dx(t)}{dt} = f(x^1, x^2, \cdots, x^n); i = 1,2,\cdots,n \tag{3.16}$$

式（3.16）中，f 为 x^i 的非线性函数，按泰勒级数展开即为：

$$f(x) = f(0) + a_1 x_1 + a_2 x_2 + \cdots + a_n x_n + X(x_1, x_2, \cdots, x_n) \tag{3.17}$$

根据李雅普诺夫第一近似定理，可将上式近似表示为：

$$\frac{dx(t)}{dt} = \sum_{i=1}^{n} a_i x_i; i = 1,2,\cdots,n \tag{3.18}$$

按照以上思路，可建立城市扩张社会经济效应（SE）和生态环境效应（CE）的函数模型，即：

$$\begin{cases} f(SE) = \sum_{i=1}^{n} w_i x_i, i = 1,2,\cdots,n \\ f(CE) = \sum_{j=1}^{n} w_j x_j, j = 1,2,\cdots,n \end{cases} \tag{3.19}$$

式（3.19）中，x_i和x_j分别为城市扩张社会经济效应和生态环境效应的子因素，w_i和w_j分别为两个系统各自因素对应的权重。按照贝塔兰菲的理论有，城市扩张的社会经济效应和生态环境效应所组成的系统为：

$$\begin{cases} S_1 = \frac{df(SE)}{dt} \\ S_2 = \frac{df(CE)}{dt} \end{cases} \tag{3.20}$$

式（3.20）中，S_1 和 S_2 分别为两子系统的演化趋势，分别代表城市扩张的社会经济效应和生态环境效应的演化趋势。在现实世界中，S_1 和 S_2 又是相互影响的，S_1 和 S_2 的变化速度 V_1 和 V_2 又可看作是 S_1 和 S_2 对时间求导的函数：

$$\begin{cases} V_1 = \dfrac{\mathrm{d}f(S_1)}{\mathrm{d}t} \\ V_2 = \dfrac{\mathrm{d}f(S_2)}{\mathrm{d}t} \end{cases} \tag{3.21}$$

整个城市扩张的社会经济效应和生态环境效应复合系统的变化速度可以看作是 V_1 和 V_2 的函数：

$$V = f(V_1, V_2) \tag{3.22}$$

因此，可以通过研究 V 的变化来研究整个城市扩张效应系统的变化以及其子系统之间的耦合协调变化关系。

假定城市扩张的社会经济效应是与城市化的发展趋势有相似轨迹的，即都满足“S”型发展趋势。可将 V_1 和 V_2 的变化趋势投影到二维平面中，在一个周期内，V_1 和 V_2 的变化引起复合系统 V 的变化，那么 V 的变化路线在一周期之内为一椭圆（见图 3.2）。可以看出，V_1 和 V_2 的夹角 α 满足：

$$\tan\alpha = \frac{V_1}{V_2} \tag{3.23}$$

因此可根据 V_1 和 V_2 的值求得角 α 的取值。α 的取值范围为（0°，360°）。

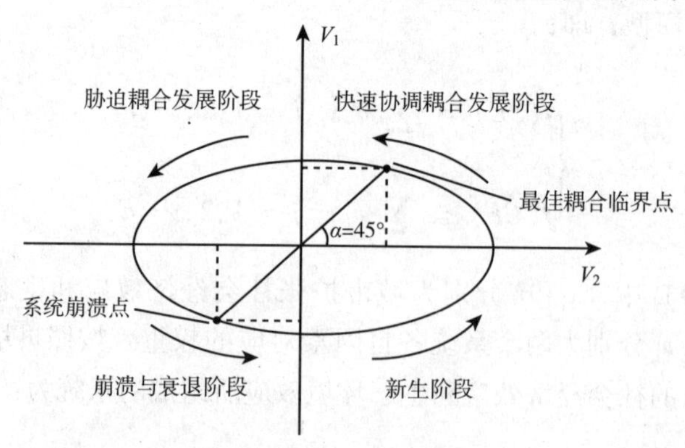

图 3.2　城市用地扩张的社会经济效应和生态环境效应耦合发展轨迹

资料来源：李崇明，丁烈云. 小城镇资源环境与社会经济协调发展评价模式及应用研究［J］. 系统工程理论与实践，2004（11）：134－139，144.

当$\alpha = 0°$时，整个系统处于初级耦合阶段。在这一阶段，城市用地规模较小，其社会经济效应较低，同时生态环境几乎没有受到城市扩张的影响，社会经济效应子系统和生态环境效应子系统的耦合效应较低；当$0° < \alpha \leq 90°$时，复合系统处于快速协调耦合发展阶段；$\alpha = 45°$为系统最佳临界点，此时系统处于最佳耦合协调状态；当$0° < \alpha < 45°$时，系统耦合协调度处于逐步上升阶段；而当α从45°逐步迈向90°时，系统耦合协调度逐步下降；当$90° < \alpha \leq 180°$时，系统处于胁迫发展阶段，城市扩张的社会经济效应急速发展，但其生态环境效应远落后于社会经济效应，快速城市化使得人口逐步由农村集中到城市，经济总量不断攀升，人口和经济的发展造成资源的短缺和环境污染，城市用地生态环境效应低下。当$180° < \alpha \leq 270°$时，复合系统处于崩溃与衰退阶段。在α接近225°时，系统即将处于崩溃阶段，当$\alpha = 225°$时，二者耦合协调程度最低，此时政府采取各种管控措施力图避免城市用地的社会经济效应与其生态环境效应之间处于不可调和的状态而使得整个系统瓦解，处于不可挽回的状态，当$225° < \alpha \leq 270°$时，系统处于衰退期。当$270° < \alpha < 360°$时，系统进入新生阶段，此时在外力和内力的推动作用下，城市用地的社会经济效应和生态环境效应之间自组织发展，系统逐步进入新的演化周期。

3.3　城市扩张多层次多维测度实例

将以上两种不同类型的测度指标体系用于中国中部地区武汉城市圈的城市扩张测度之中，即对武汉城市圈1988~2011年城市扩张进行了定量测度。

3.3.1　城市扩张规模与格局变化分析

1. 规模变化

在过去的20多年里，武汉城市圈经历了大规模的城市扩张（见表3.5和表3.6）。区域建设用地总面积从1988年的4.19×10^4公顷增长到2011年的49.29×10^4公顷，整个研究时间段内年均增长率为46.75%。其中，城市建设用地总面积从1988年的222.04平方千米增长到2011年的1820平方千米。在四个时间段中，2005~2011年区域建设用地增长率最高且扩张速度最快，分别为17.97%和42624公顷/年。武汉市城市用地总面积从1988年的144.97平方千米上升到989.07平方千米，23年间城市用地总面积净增844.41平方千米。其他各城市城市用地总面积也有较大幅度的增长，除了鄂州和几个省级直管城市外，其余城市城市用地范围都已超过100平方千米。从1988~2011年，武汉城市圈总体城市用地面积从222.04平方千米增长到1820平方千米。这些结果表明，在改革开放之后，武汉城市圈进入快速城市化时期，城市用地规模不断激增。

表3.5　1988~2011年武汉城市圈区域建设用地变化

年份	城市总面积（10^4公顷）	时间段	年均增长率（%）	年均扩张面积（公顷/年）
1988	4.19	1988~1995	17.76	7446.86
1995	9.41	1995~2000	16.08	15127.20
2000	16.97	2000~2005	7.95	13492.80
2005	23.72	2005~2011	17.97	42624.00
2011	49.29	1988~2011	46.75	19607.48

表3.6　武汉城市圈1988~2011年各城市用地总面积　单位：平方千米

地区	1988年	1995年	2000年	2005年	2011年
武汉市	144.97	226.21	325.06	536.86	989.07
黄石市	16.57	57.67	125.15	135.58	191.64
鄂州市	9.16	22.00	35.10	48.19	94.69
孝感市	18.36	32.55	68.12	76.12	142.88
黄冈市	11.31	40.59	93.12	108.07	171.13
咸宁市	12.47	27.41	52.30	60.54	141.46
仙桃市	3.68	8.67	16.10	24.48	45.55
潜江市	2.60	5.61	9.48	10.74	22.20
天门市	2.92	4.51	8.13	13.03	21.38
城市圈	222.04	425.21	732.56	1013.60	1820.00

2. 密度变化

从图3.3可见，武汉城市圈1988~2011年城镇人口密度总体呈现下降趋势。除了孝感在1988~2011年从0.76万人/平方千米增长到1.64万人/平方千米之外，其余城市人口密度在1988~2011年几乎都呈递减趋势。其中，黄冈、仙桃和潜江的人口密度下降幅度最大，降幅分别达到 4. 59 万人、4. 16 万人和 4. 98 万人/平方千米。而武汉城市圈总体城镇人口密度在研究期内也是呈现逐年递减的状态。与之相反的是，武汉城市圈各城市城市用地斑块密度在 23 年的时间里都呈现递增趋势。

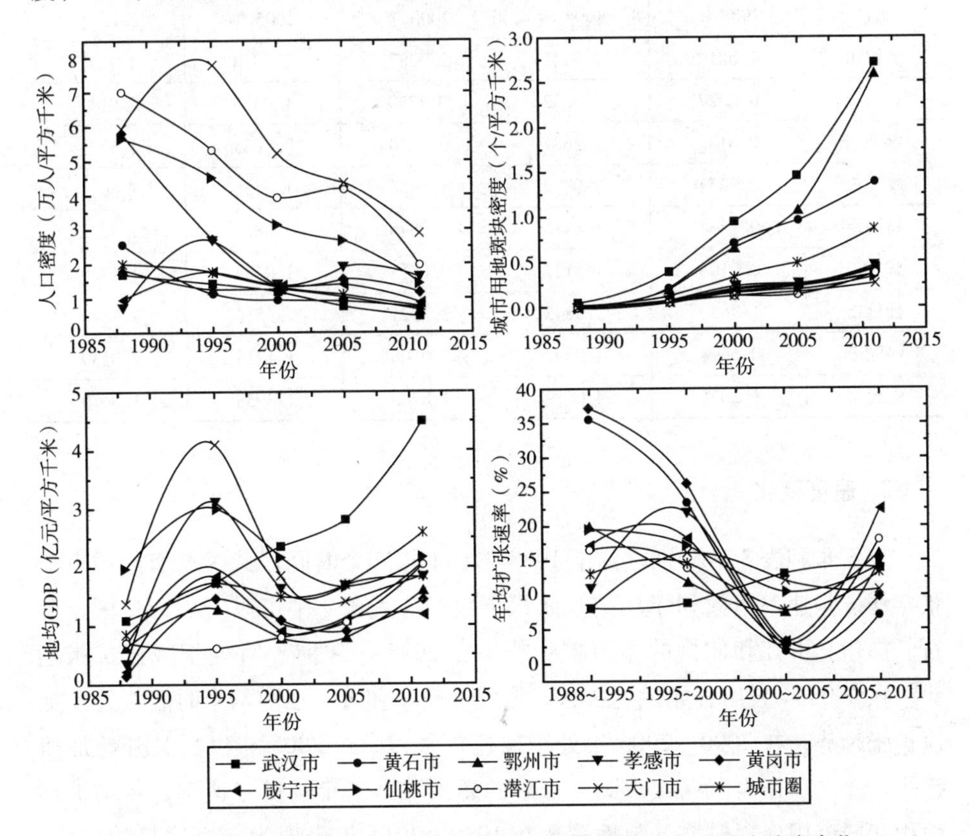

图 3. 3　武汉城市圈 1988 ~ 2011 年城市用地密度维和年均扩张速率变化

武汉、黄石和鄂州三个城市的城市用地斑块密度上升较为明显。而武汉城市圈整体城市用地斑块密度也从 1988 年的 0. 02 个/平方千米上升到 2011 年的 0. 86 个/平方千米。这表明在 1988 ~ 2011 年，武汉城市圈的城市用地景观越来越破碎化。表 3. 7 显示了武汉城市圈在 1988 ~ 2011 年地均 GDP 的变化情况。除了武汉市和潜江市之外，其他城市的地均 GDP 在研究时间之内均呈相同的上升趋势，具体表现为在 1988 ~ 1995 年逐渐上升，而在 1995 ~ 2000 年又呈现下降趋势，在 2000 年之后又缓慢上升。这表明武汉城市圈城市用地的经济效率在 1995 ~ 2000 年间是在随着城市用地的不断外扩而逐年降低的，城市用地的规模效应在此阶段并未体现出来。但在2000年以后，随着经济总量的快速攀升，武汉城市圈的城市用地规模经济效应又得到了一定程度的体现。

表3.7　　武汉城市圈1988~2011年地均GDP计算结果

地区	1988年	1995年	2000年	2005年	2011年
武汉市	1.0819	1.7241	2.3287	2.7958	4.4551
黄石市	0.6927	0.5852	0.7750	1.0453	2.0141
鄂州市	0.6131	1.2687	0.7819	0.7825	1.5796
孝感市	0.3254	3.0779	1.5988	1.6536	1.8014
黄冈市	0.1436	1.4416	1.0545	0.8826	1.4272
咸宁市	0.2108	1.8123	0.8811	1.0784	1.1729
仙桃市	1.9620	2.9843	2.1521	1.6516	2.1470
潜江市	0.6698	1.9592	1.0508	1.1215	2.0539
天门市	1.3654	4.0719	1.8248	1.3938	1.8410

3. 速度变化

表3.8和表3.9分别显示了1988~2011年四个时间段武汉城市圈城市扩张年均扩张速率指数和年均扩张面积指数。从表3.9中可以看出，黄冈、黄石、鄂州、潜江和仙桃的城市扩张速率在2005年之前一直处于减速扩张趋势，在2005年之后开始加速扩张。孝感、咸宁和天门在前两个时间段处于加速扩张趋势，在2000~2005年处于减速扩张，而在2005年以后又开始加速扩张。武汉市作为武汉城市圈中唯一的超大城市，年均扩张速率、年均扩展面积和城市用地规模增长弹性系数在1988~2011年表现为一直增长的趋势，均在2005~2011年达到最大值，年均扩张速率从1988~1995年的8%上升到2005~2011年的14.04%。

表3.8　　武汉城市圈城市扩张速度维指标的时序性变化

指标	1988~1995年	1995~2000年	2000~2005年	2005~2011年
年均扩张速率（%）	13.07	14.46	7.67	13.26
年均扩张面积指数（km^2/年）	29.02	43.91	40.15	115.20

从年均扩张面积来看，除了黄石和黄冈在1995~2000年达到最大年均扩张规模以外，其他城市都在2005~2011年处于四个时间段中年均最大扩张规

模值。这表明，除了黄冈和黄石两个老工业城市以外，武汉城市圈其他城市还仍未进入最高年均扩张值区间。对于武汉城市圈整体区域而言，2005～2011年为整个研究期内城市用地高速扩张时期，年均扩张面积将近为前两个时期的3倍。2006年4月国务院出台了《关于促进中部地区崛起的若干意见》，该意见提出要把中国中部地区建成全国重要的粮食生产基地、能源原材料基地、现代装备制造及高技术产业基地以及综合交通运输枢纽。在此背景下，武汉城市圈作为湖北省实施中部崛起战略与国家新型城市化综合配套改革的试点区域，圈内各城市在此阶段加快城镇化、工业化进程，积极引进外资，着重发展农副产品加工业、劳动密集型产业和特色工业，不断完善城市功能，扩大城市承载力，大力推进城市圈交通基础设施建设。因此，在2005～2011年这一阶段，为了推动与承载城市圈未来整体经济的腾飞，武汉城市圈城市用地不可避免地加速扩张。

表3.9　武汉城市圈1988～2011年城市用地年均扩张速率计算结果　单位：%

地区	1988～1995年	1995～2000年	2000～2005年	2005～2011年
武汉市	8.00	8.74	13.03	14.04
黄石市	35.44	23.40	1.67	6.89
鄂州市	20.01	11.91	7.46	16.08
孝感市	11.04	21.86	2.35	14.62
黄冈市	36.98	25.88	3.21	9.73
咸宁市	17.13	18.15	3.15	22.28
仙桃市	19.35	17.15	10.41	14.35
潜江市	16.51	13.81	2.67	17.78
天门市	7.78	16.06	12.05	10.69
城市圈	13.07	14.46	7.67	13.26

4. 城市化水平变化

城市化水平计算显示（见表3.10），1988～2011年，武汉城市圈人口城市化率和土地城市化率上升明显，其中人口城市化率由1988年的27%上升到2011年的47%，而土地城市化率由1988年的3%上升到2011年的21%。无论是从人口非农化的程度来看，还是从土地城市化的程度来看，武汉城市圈从1988～2011年，城市化水平提升明显。

表 3.10　武汉城市圈 1988 ~ 2011 年人口城市化率和土地城市化率　单位:%

指标	1988 年	1995 年	2000 年	2005 年	2011 年
人口城市化率	27	31	35	40	47
土地城市化率	3	5	9	12	21

5. 协调度变化

城市用地规模增长弹性系数和城市用地规模增长率与 GDP 增长率弹性系数反映了城市用地增长程度与城市人口和 GDP 增长的协调程度。对二者的计算显示，武汉城市圈城市用地规模增长弹性系数从 1988 ~ 1995 年的 1.42 上升到 2005 ~ 2011 年的 3.85，在 4 个时间段内都远超其合理值。为了进一步研究城市用地增长与人口增长之间的关系，本章还计算了武汉城市圈各市在 4 个研究时段内的城市用地规模增长弹性系数，如图 3.4 所示。计算结果显示区域内部差异明显，在 1988 ~ 1995 年，9 个城市的城市规模增长弹性系数在 1.12 这个合理值上下波动，咸宁、孝感和天门的城市规模增长弹性系数甚至低于 0.5。这表明在此阶段武汉城市圈城市用地增长与人口增长处于一个相对合理的、协调的阶段。但是，在 1995 ~ 2000 年和 2005 ~ 2011 年，武汉城市圈所有城市的城市规模增长弹性系数都要远高于其合理值，仙桃和潜江甚至高出其合理值 10 倍以上。这表明在该时间段内武汉城市圈城市用地扩张速度过快，远远高于其城市人口增长速度，部分城市用地空间增长处于失控状态。武汉城市圈总体城市用地规模增长弹性系数从 3.36 上升到 3.85，表明该区域城市用地增长与人口增长不协调的状态从 1995 ~ 2011 年不仅未能得到缓解，反而一直处于加深状态，并且这种不协调状态在城市圈内部各城市之间差异较为明显。1987 ~ 2011 年，武汉市城市用地扩张速度越来越快，远远超过了城市人口增长的速率（见表 3.11）。城市用地规模增长弹性系数从 1988 年以来一直高于合理值 1.12。城市用地规模的“冒进式”扩大加剧了土地城市化与人口城市化的协调性失衡，降低了城市化过程中城市土地利用效率。而城市用地增长相对 GDP 增长而言，从第一阶段到第二阶段是上升趋势，而从第二阶段到第四阶段又为下降趋势，到 2011 年底，城市用地规模增长率与 GDP 增长率弹性系数甚至降低到 0.067 以下，表明 GDP 增长速率要远高于城市用地增长速率。

表 3.11　　武汉城市圈城市用地协调度计算结果

指标	1988～1995 年	1995～2000 年	2000～2005 年	2005～2011 年
城市用地规模增长弹性系数	1.42	3.36	2.00	3.85
城市用地规模增长率与 GDP 增长率弹性系数	0.035	0.235	0.128	0.067

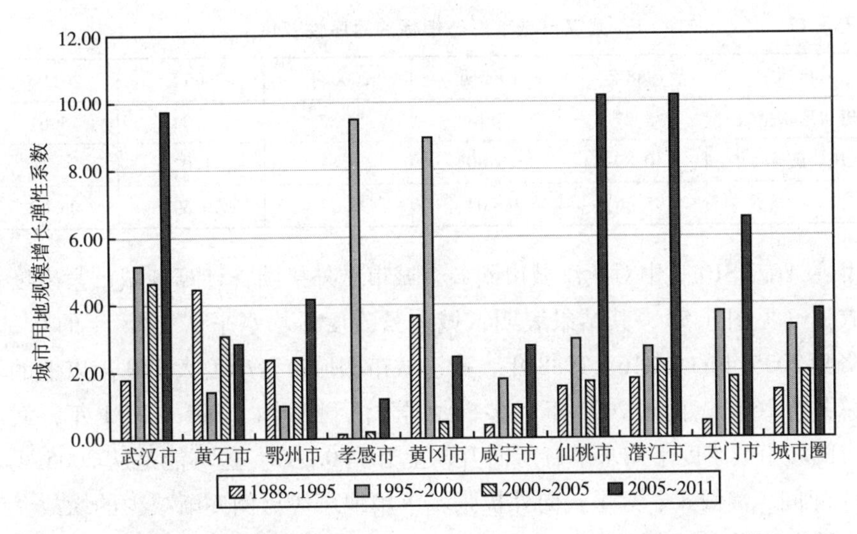

图 3.4　武汉城市圈 1988～2011 年不同时间段各市城市用地规模增长弹性系数

6. 形态变化

从城市用地空间格局演变的特征来看，1988～2005 年，PD 急剧增加而 AI 则急剧下降，在 1995 年之后两者的变化均相对平稳，如表 3.12 所示；LSI 则在四个时间段内持续增大。以上结果表明，武汉城市圈土地城市化程度越来越高的同时，城市景观也变得越来越破碎和不规则。对比不同时间段不同区域间的城市景观变化分布格局容易发现，各时间段内城市用地在围绕武汉市中心和沿长江分布的区域扩张总面积（TA）明显高于城市圈内其他区域。而 AI 在四个时间段内的变化则呈现出相反的格局，相对于武汉城市圈中心区域而言，AI 在城市圈周边的变化更为明显。与此同时，PD 和 LSI 在 2000～2005 年和 2005～2011 年的变化则分别集中分布于研究区的中部和西部。由此结果看出，在过去的 20 多年中武汉城市圈发生了广泛的城市扩张，同时城市景观呈现愈发不规则和散乱分布的态势。武汉市城市用地斑块平均形状指数总体呈现上升趋势，表明武汉市城市用地斑块形状越来越复杂。聚集度指数在研究期内呈现先增后减的趋势，表明武汉市城市用地斑块随着城市扩张阶段的不同而表现出不同的聚合程度。总体来看，1988～2011 年，随着城市建设用地增长，武汉市城市用地景观变化缓慢，城市用地斑块大小差异性增大，形状复杂度增强。

表 3.12　　武汉市城市形态指标的时序性变化

指标	1988 年	1995 年	2000 年	2005 年	2011 年
斑块形状指数	3.27	3.18	3.37	3.34	3.61
斑块破碎度	0.89	0.80	0.87	1.02	1.14
聚集度指数	95.56	97.04	96.72	96.69	96.08

在 ArcGIS10.2 中对武汉城市圈各个城市做外接圆，计算各城市紧凑度和形式比（见图 3.5），其结果表明，城市紧凑度平均水平从 1988 年的 0.397 下降到 2005 年的 0.316。1988 年，武汉城市圈城市紧凑度大于 0.4 以上的城市总共有 16 个，而到 2005 年，这一数据降低到 6 个。2005～2011 年，武汉城市圈城市紧凑度平均水平有所回升，上升到 0.347。这可能是从 2005 年到 2011 年间，离散式、零星式向外扩张城市用地斑块比例逐渐减少的缘故。对单个城市的形式比计算表明，1988～2005 年，城市形式比在 1/2 到 $\pi/4$ 这个理想区间的城市总共只有 4 个，而到 2005 年，有 12 个城市的形式比处于这个理想区间段，这表明在此时间段内，武汉城市圈部分城市随着城市用地不断扩张，城市内部之间的联系逐渐加强。

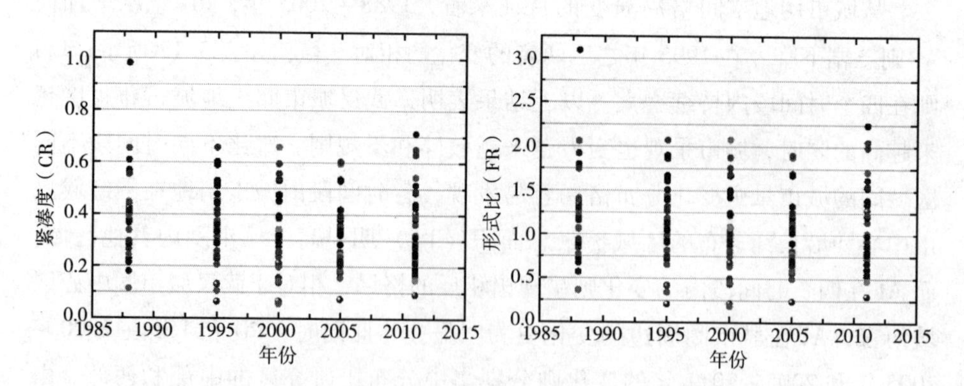

图 3.5　武汉城市圈 1985～2015 年城市紧凑度和形式比变化图

7. 类型变化

利用最小包围盒对武汉城市圈4个时间段城市扩张类型计算结果表明（见表3.13），外延型扩张在4个时间段内所占比例达到60%以上，填充型次之，蛙跳型最少。1988～2005年，填充型和蛙跳型比例一直处于上升状态，在2000～2005年，二者达到4个时间段各自最高水平，而在2005～2011年，二者比例又逐渐下降，且处于4个时间段各自最低水平。这表明在2005年之前，武汉城市圈城市扩张主要处于中心扩散阶段，而在2005年以后，武汉城市圈城市扩张处于中心集聚阶段。对武汉市城市扩张类型维计算结果表明，在1988～2011年整个研究期内，武汉市城市扩张主要以外延型为主，所占百分比达到68.5%以上，蛙跳型扩张比例最少，且各个时间段内呈现较大的波动。

表3.13　　武汉城市圈1988～2011年城市扩张类型结构分布

时间	填充型		外延型		蛙跳型	
	总面积（km^2）	占总扩张面积比例（%）	总面积（km^2）	占总扩张面积比例（%）	总面积（km^2）	占总扩张面积比例（%）
1988～1995	30.37	14.64	149.28	71.96	27.78	13.39
1995～2000	42.75	15.20	196.20	69.77	42.24	15.02
2000～2005	74.09	22.30	205.08	61.74	52.99	15.95
2005～2011	109.49	12.51	673.24	76.91	92.66	10.58

8. 梯度变化

分别以5km和1km递增距离对武汉城市圈中心和武汉市中心向外做缓冲区，以到城市中心距离和对应环带中城市用地比例分别为x、y轴计算武汉城市圈和武汉市城市用地梯度变化，其结果如图3.6所示。随着离城市中心距离的增大，建设用地面积比例明显降低。对于武汉城市圈，40km之内，城市用地梯度呈直线下降趋势。在40～170km的城市用地比例梯度逐渐趋于平缓状态，但在60km和90km处分别形成2个高峰点。对于武汉市，在5km之内城市建设用地比例逐渐上升，在5km之外城市用地密度呈反S型趋势降低。在整个研究期内，随着时间的变化，梯度曲线斜率的绝对值逐渐降低，表明建设用地面积比例降低的幅度逐渐减小。城市边界离城市中心越来越远，城市建设用地在不断地增长，建成区在不断扩大，城市发展的程度越来越高。

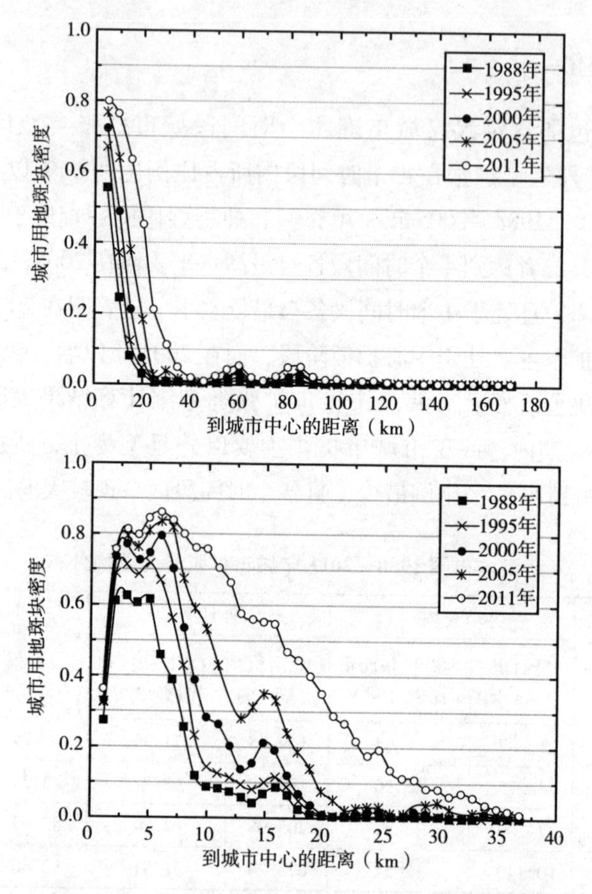

图 3.6　武汉城市圈和武汉市城市扩张梯度维指标的时序性变化

3.3.2　城市扩张空间关联变化分析

1. 均衡度变化

对武汉城市圈县级城市按照城市用地规模和城市人口规模大小排序，并按照罗特卡模式进行自然对数变化，然后进行回归分析，最终获得基于城市用地和城市人口的位序规模分布，如图 3.7 所示。由表 3.14 可知，所有回归结果的拟合度都在 0.8 以上，表明以城市人口和城市用地表征武汉城市圈的位序规模分布都能较好的符合位序—规模法则。从城市用地来看，分维值 D 从 1988 年的 0.66 上升到 2000 年的 1.06，表明城市用地分布规模越来越均衡，各城市之间在此时间段内城市规模差距越来越小，而从 2000 年到 2011

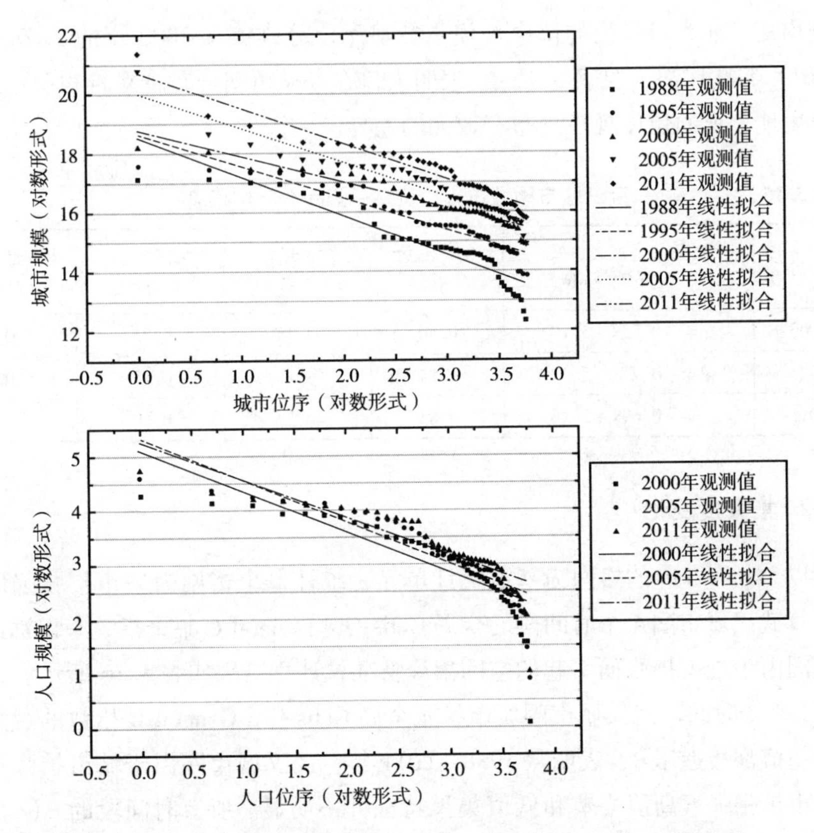

图 3.7　武汉城市圈县级城市城市用地和城市人口位序—规模曲线

年，其值又下降到0.79，表明城市规模分布随着城市用地扩张越来越不均衡。2000年之前和2000年之后，分维值D都小于1，表明城市用地分布比较集中，高位次城市用地规模突出，中小城市城市用地规模发育不足。而2000年时，武汉城市圈城市用地的分维值大于1，表明此时城市用地规模分布相对

表 3.14　　武汉城市圈城市用地位序—规模分析结果表

年份	位序—规模表达式 $\ln P_i = \ln P_1 - q\ln R_i$	判定系数 (R^2)	首位城市面积 (km^2)	Zipf 维数 (q)	分维值 (D)
1988	y = -1.32x + 18.52	0.87	27.67	1.32	0.66
1995	y = -1.08x + 18.64	0.89	43.65	1.08	0.82
2000	y = -0.88x + 18.79	0.93	82.70	0.88	1.06
2005	y = -1.15x + 19.98	0.94	123.11	1.15	0.82
2011	y = -1.19x + 20.70	0.94	232.79	1.19	0.79

比较均衡。而人口表征的位序规模指数显示，分维值从2000年的1.07上升到2011年的1.23（见表3.15），表明人口在各城市间分布越来越均衡，这与城市用地表征的位序规模分布有较大的差异。

表3.15　　武汉城市圈城市人口位序—规模分析结果表

年份	位序—规模表达式 $\ln P_i = \ln P_1 - q\ln R_i$	判定系数（R^2）	首位城市人口	Zipf维数（q）	分维值（D）
2000	y = −0.75x + 5.10	0.80	71.89	0.75	1.07
2005	y = −0.77x + 5.32	0.84	99.99	0.77	1.09
2011	y = −0.69x + 5.26	0.85	114.95	0.69	1.23

2. 集聚度变化

以2km×2km的格网为基本统计单元，统计每个格网内城市扩张强度指数计算武汉城市圈4个时间段的全局Getis-Ord General G集聚指数来识别武汉城市圈由于城市扩张而引起的空间集聚特征，计算结果如表3.16所示。结果表明，4个时间段武汉城市圈城市扩张全局Getis-Ord General G指数的观测值和期望值都接近于0，表明从1988～2011年，武汉城市圈由于城市扩张导致的城市扩张强度高值集聚和低值集聚特征并不明显。所有时间段的$G(d)$都大于$E(d)$，而且Z值显著，表明武汉城市圈城市扩张主要围绕几个城市展开。随着时间的推移，$G(d)$越来越接近于$E(d)$，而且Z值越来越显著，说明城市扩张聚集区在空间上越来越不明显，城市扩张在城市圈内部呈现随机分布。

表3.16　　武汉城市圈城市扩张强度全局Getis-Ord General G统计

G统计	1988～1995年	1995～2000年	2000～2005年	2005～2011年
G（d）	0.5×10^{-5}	0.4×10^{-5}	0.4×10^{-5}	0.2×10^{-5}
E（d）	0.00	0.00	0.00	0.00
Z Score	88.17*	98.03*	87.46*	106.33*

注：*表示10%显著性水平。

3. 相关度变化

半变异函数能很好测度地理变量的空间相关性和变异性。以武汉城市圈1988年、1995年、2000年、2005年和2011年城市用地空间分布矢量数据为分析对象，以2km×2km的格网为基本统计单元，分别计算5年城市用地景观中每个格网中城市用地比例，并将其值作为格网中心点统计值。以10km为采样步长，分别计算5年的实验变差函数，采用球状模型和高斯模型拟合模型，最终得到5个年份土地城市化强度方差图及变差拟合曲线图。

从表3.17可以看出，基台值从1988年的0.00275上升到2011年的0.03002，23年间上升近15倍左右，表明武汉城市圈土地城市化强度值空间差异性逐渐增大。块金值从1998年的0.00172增长到2011年的0.01439，同时块金系数却从0.625455下降到0.479347，表明由空间自相关部分引起的空间变异性程度增大，而由随机部分引起的空间变异性程度减小。相关程度从1988年的7.26km增加到2011年的7.37km，表明随着城市向外扩张，城市间空间关联效应逐渐增强，空间关联效用作用的范围逐渐增大，区域整体之间的联系更为密切，大城市的辐射作用更强，城市扩张关联效应明显。

表3.17　　武汉城市圈城市化强度空间半变异函数拟合参数

指标	1988年	1995年	2000年	2005年	2011年
相关程度（Range）	72609	70925	85496	73048	73739
基台值（Sill）	0.00275	0.00598	0.01146	0.01839	0.03002
块金值（Nugget）	0.00172	0.00375	0.00628	0.00957	0.01439
块金系数	0.625455	0.62709	0.547993	0.520392	0.479347

由普通Kriging插值3D拟合图可以看出武汉城市圈土地城市化强度格局演变过程，分布形态和内在特征（见图3.8）。在整个研究期内，武汉城市圈土地城市强度分布格局变化程度不明显，武汉市土地城市化程度具有绝对的优势，处于全区域最高水平，其次是黄州区、鄂州市和黄石市辖区，其他县级城市土地城市化程度相对较低。除此之外，到2011年，虽然区域总体土地城市化强度值呈现增大趋势，但土地城市化强度高点区域范围变小，武汉市与其他城市之间的差距增大，极化趋势明显。

4. 空间吸引力变化

求得各城市每年吸引力分值后，以分值为权重，利用ArcGIS9.3中加权Voronoi插件得出每个城市1988年、1995年、2000年、2005年和2011年最终的空间吸引范围。结果显示，武汉作为湖北省的社会经济与政治中心，与其他城市相比，在5个年份中空间吸引范围均占有绝对的优势。尽管如此，随

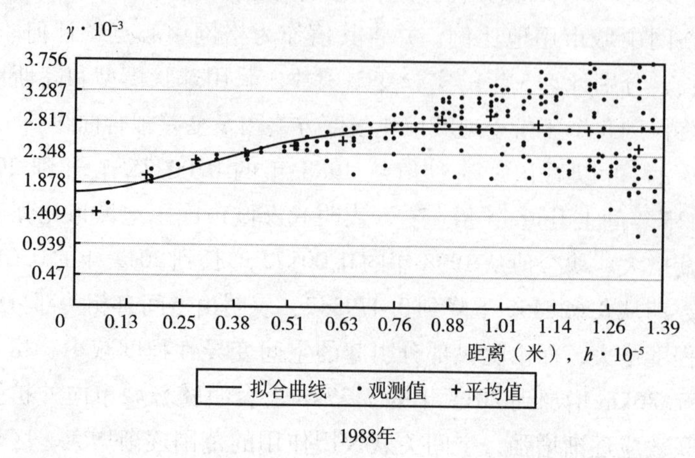

1988年

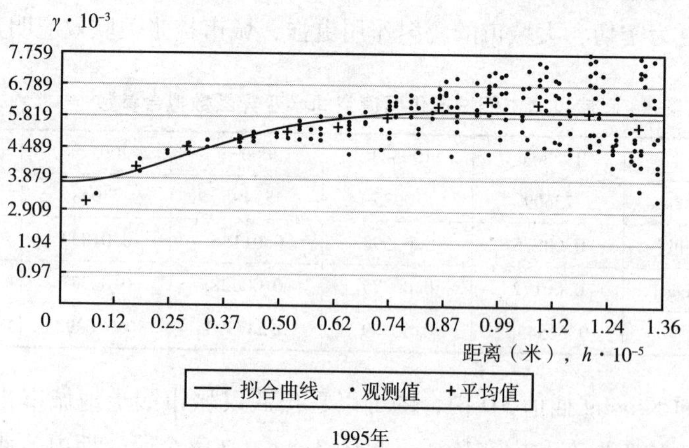

1995年

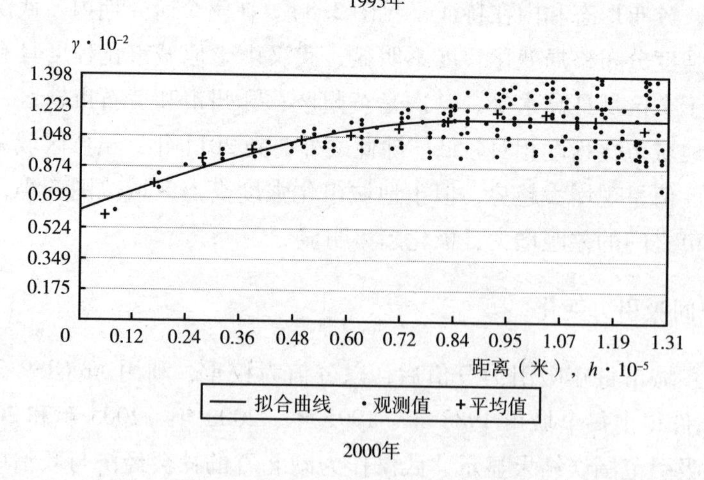

2000年

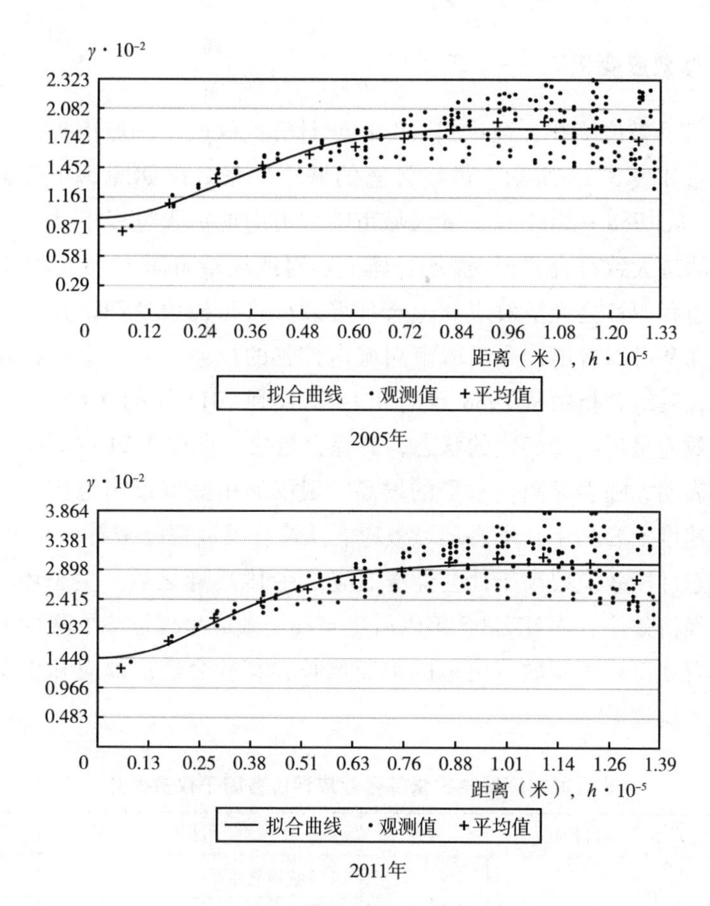

图 3.8 武汉城市圈城市化变差函数演化

着其他城市的快速发展，特别是黄冈市和咸宁市的快速发展，武汉市空间吸引力的绝对优势随着年份的增长有所下降。到 2011 年，武汉市东北部和西南部吸引范围都有部分下降。城市与城市之间的吸引力范围分布均衡度有所提高。与此同时，随着咸宁的吸引范围不断增加，黄石的吸引范围从 1988 ~ 2011 年也有部分幅度的下降，从 1988 ~ 1995 年，孝感、鄂州、天门、潜江和仙桃的吸引范围有大幅上升，但从 1995 ~ 2011 年，这些城市的空间吸引范围并未增大，反而处于一种比较平稳的状态，三个省级直管市天门、潜江和仙桃的吸引范围一直处于较为稳定的状态。从空间分异来看，武汉城市圈南部和东部城市空间吸引范围变化要大于其他部分的城市。这很有可能是南部城市和东部城市会受到湖南省和江西省部分城市影响的原因，如受到来自长株潭城市群和环鄱阳湖生态经济圈的影响。

4. 扩张效应变化

(1) 综合效应变化。通过式 (3.14) 计算武汉城市圈城市扩张效应评价各因子权重如表 3.18 所示。最终计算的城市扩张效应如图 3.9 所示。由图 3.9 可知，从 1988 ~ 2011 年，武汉城市圈城市用地扩张过程中社会经济效应动态演化轨迹大致符合 "S" 型增长轨迹。对武汉城市圈 1988 ~ 2011 年城市用地扩张过程中社会经济效应和生态环境效应进行插值处理，并进行曲线拟合。从图 3.9 可以看出，武汉城市圈城市扩张的社会经济效应一直处于稳步上升状态，其综合指数从 1988 年的 0.14 增长到 2011 年的 0.66。与此同时，生态环境效应呈现高低起伏的状态，其综合指数一直在 0.24 ~ 0.35 区间上下浮动。这表明，随着城镇化水平的增高，武汉城市圈城市用地扩张的经济效应在增长速度上要高于其生态环境效应。从综合发展情况来看，在 1995 年之前，其生态环境效应要高于社会经济效应，在 1995 年之后，生态环境效应要低于社会经济效应，而且 2005 年以后生态环境效应呈现逐步下降的趋势。这表明，随着武汉城市圈城市用地的不断增长，其社会经济效应和生态环境效应之间的矛盾逐渐增大。

表 3.18　　武汉城市圈城市扩张综合效应评价各因子权重得分

准则层	目标层	权重	指标	权重
社会经济效应	社会效应	0.1773	人口城镇化水平	0.0414
			人均耕地面积	0.0768
			交通便捷度	0.0591
	经济效应	0.7585	固定资产投资额与 GDP 比值	0.1390
			人均可支配收入	0.2743
			人均 GDP	0.3285
			第二、第三产业产值占 GDP 比例	0.0167
生态环境效应	环境效应	0.0112	"三废" 排放量	0.0027
			绿地覆盖率	0.0049
			水体百分比	0.0036
	景观生态效应	0.0530	景观破碎度	0.0441
			景观连接度	0.0077
			景观形状复杂度	0.0012

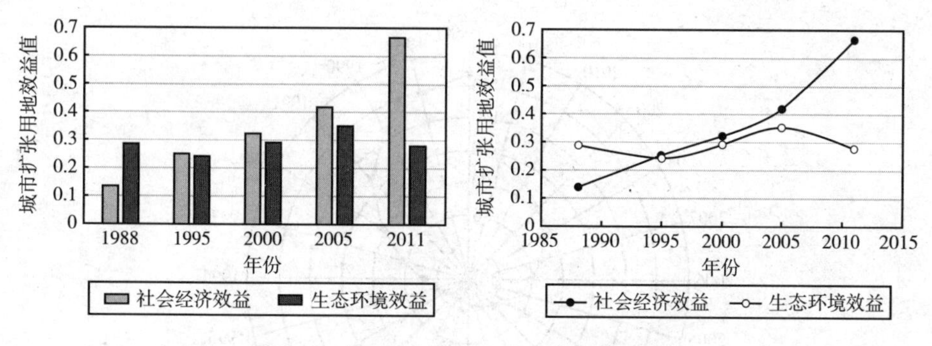

图 3.9　武汉城市圈城市扩张用地效应变化

（2）耦合效应变化。利用 excel 对武汉城市圈城市扩张过程中社会经济效应和生态环境效应进行趋势线拟合，选取拟合精度最高的插值方法，最终得到二者的拟合方程为：

$$S_1 = 0.0007t^2 + 0.005t + 0.1419（拟合精度R^2为0.9861） \tag{3.22}$$

$$S_2 = -0.0001t^3 + 0.0039t^2 - 0.0341t + 0.3184（拟合精度R^2为0.9866） \tag{3.23}$$

对 S_1 和S_2 求导得：

$$V_1 = \frac{dS_1}{dt} = 0.0014t + 0.005 \tag{3.24}$$

$$V_2 = \frac{dS_2}{dt} = -0.0003t^2 + 0.0078t - 0.0341 \tag{3.25}$$

根据式（3.23）与相应的年份值所对应的 t 值可求得 1988～2011 年武汉城市圈城市用地扩张社会经济效应和生态环境效应耦合值。图 3.10 显示了武汉城市圈 1988～2011 年间城市扩张的土地利用社会经济效应和生态环境效应耦合值。

根据图 3.10 可知，武汉城市圈城市扩张用地过程中社会经济效应和生态环境效应耦合值 α 一直处于第一象限和第二象限。1988～1998 年，城市扩张过程中社会经济效应和生态环境效应逐渐趋于 45°最佳耦合状态，但此时是一个逆向发展过程。在此期间，武汉城市圈社会经济迅速发展，国民生产总值逐渐稳步上升。尽管生态环境效应有一定程度下降，但其综合耦合效应逐渐提高，城市用地扩张所带来的资源与生态环境压力并未显现。从 1998～2011 年，武汉城市圈城市扩张用地耦合效应 α 值从 52.97°逐渐上升到 117°，

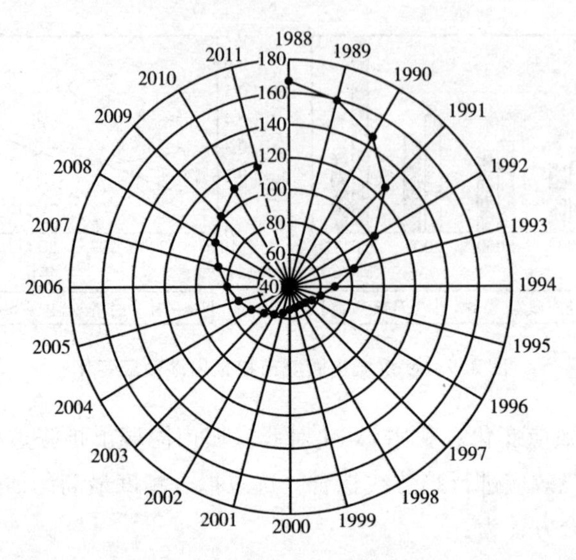

图 3.10 武汉城市圈 1988 ~ 2011 年城市用地扩张社会经济效应与生态环境效应的耦合趋势

表明城市扩张用地耦合效应系统从耦合协调发展阶段逐步过渡到胁迫耦合发展阶段。随着经济总量的增大、人口及产业结构的转移，武汉城市圈城市规模不断扩大，城市用地斑块破碎化明显，在 2005 年以后，武汉城市圈城市用地扩张过程中生态环境效应下降明显，尽管投资强度和幅度不断加大，经济总量有所增加，但土地资源浪费严重，土地集约利用程度较低，大量非建设用地变为建设用地，造成了负向的土地资源利用外部性，部分建设用地不仅未能带来可观的经济效应，相反给生态环境带来了一定的负面影响。与此同时，武汉城市圈单位 GDP 能耗大，可回收利用的"三废"等产品未能充分利用，造成了资源的浪费。这种高投入、高风险、非高产出的土地利用模式，制约了武汉城市圈土地资源的集约利用，造成了城市用地扩张社会经济与生态环境耦合效应的降低。

3.3.3 不同城市间城市扩张对比分析

城市扩张除了带来城市蔓延之外，也会带来人口的增长和农村人口向非农村人口的转移以及经济的发展。这些因素是转型中的中国城市扩张最重要的动因（Wu and Zhang，2012）。在 1988 ~ 2011 年整个研究时间段内，与北上广等中国的一线城市相比，武汉的 GDP 和非农业人口数量仍然较少，如图 3.11（a）所示。而且城市用地增长与人口和 GDP 增长的比值在 2005 ~ 2011

年增长幅度较大，甚至超过了北京和广州的增长幅度，如图3.11（b）所示。这表明，武汉相对于北京、上海、广州三个城市而言，近年来的城市土地利用效率仍然很低。

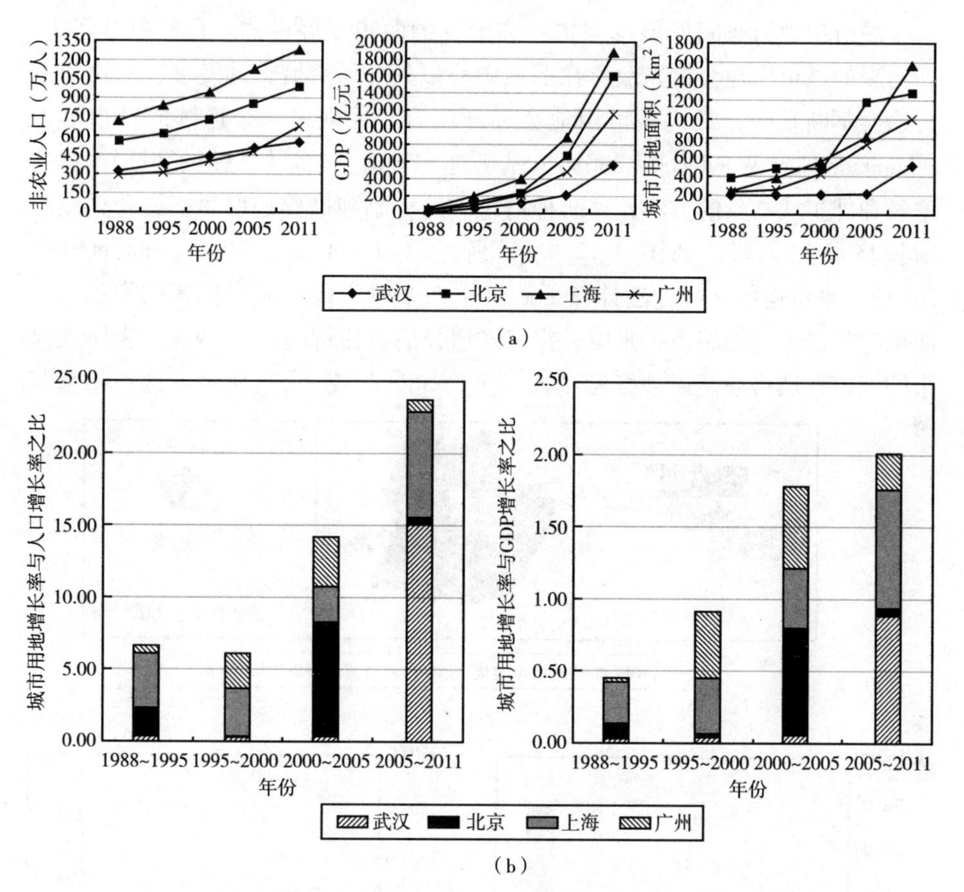

图3.11　1988～2011年武汉与北上广四市的非农业人口、GDP、城市土地面积、城市土地面积变化

资料来源：作者根据历年《中国城市统计年鉴》中的数据计算所得。

尽管城市化过程对促进经济发展和民族繁荣富强具有重要作用，但如果土地的城镇化速度明显超出人口城镇化速度，则会适得其反，对武汉市的发展提出严峻的挑战。城镇化过程中，政府往往注重数量而忽略了质量（Chen et al.，2013）。在我国，中部和西部城市的城镇化大多数发生在城乡接合部，但这些区域的景观和居民生活方式却与广大农村无异，这些区域的城镇化质量也较低。而且，城镇化过程使得大量的自然和半自然用地转变为了不透水地面，资源和环境面临着巨大压力。城市扩张同时也大大减少了高质量耕地的数量，这部分消失的耕地将很难通过其他方式补充。因此，未来的土地管理必须着力于提高城镇化质量和土地利用效率。

城市用地的空间发展符合扩散和聚合的两步发展模式。在扩散过程中，新出现的城市用地会首先散落在旧城中心以外，随着城市的发展，新斑块的边缘会不断扩张，最终城市用地会逐渐聚合，展现出一个连续的城市形态（Schneider and Woodcock，2008）。基于这一理论，学者们提出了识别聚集式增长和外扩式增长的方法，这两种增长方式分别与破碎型增长格局和连续型增长格局相关联，如图 3.12（a）所示（Shi et al.，2012；Sun et al.，2013）。本章运用这些方法计算了武汉市四个时间段内城市扩张的类型。在四个时间段发生的城市扩张中，集聚式增长所占比例超过了 79%，表明武汉市的城市发展格局是以连续型增长为主，如图 3.12（b）所示。这一结果与

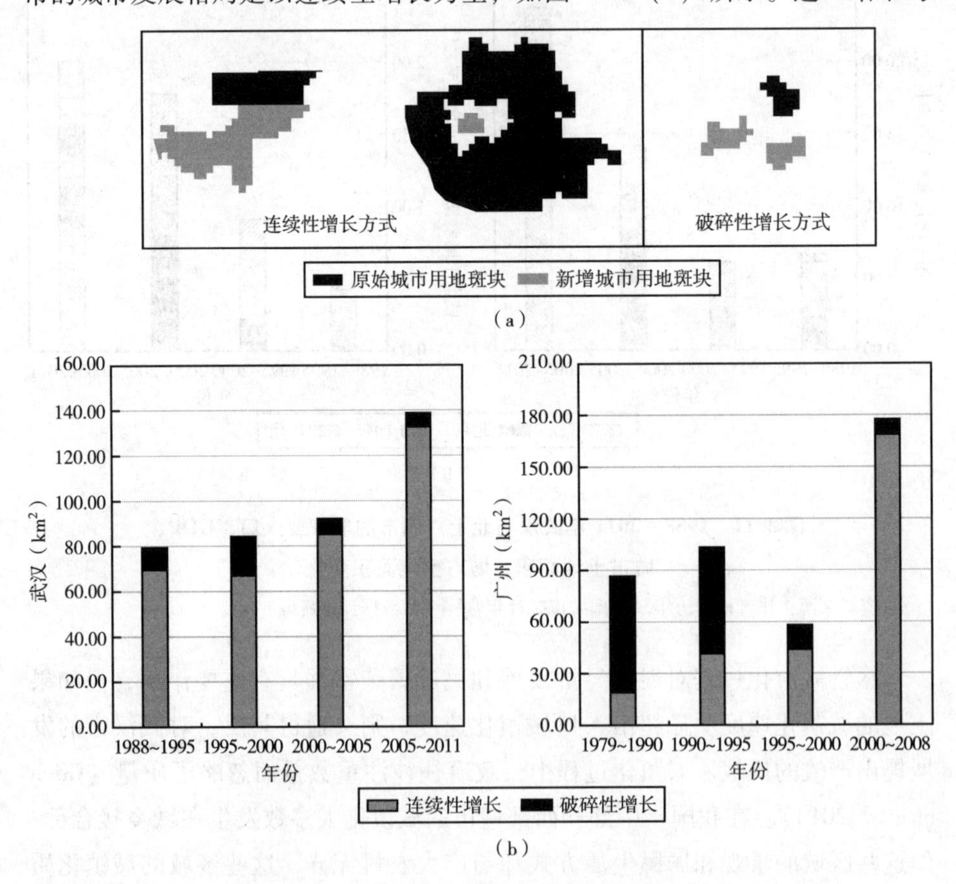

图 3.12　不同时间段武汉市和广州市城市扩张两种类型和总面积对比

学者们对中国其他大城市的研究结果并不一致，如有学者研究发现广州的发展在早些年以外扩式增长为主，而之后才逐渐转为集聚式增长（Sun et al.，2013）。与广州的城市扩张主要伴随着耕地的减少不同，武汉连续的集聚的城市扩张模式主要伴随着湖泊和自然水塘的消失及水污染，引致了更为严重环境和生态问题（Du et al.，2010）。因此，在未来武汉市的土地利用规划和城市规划方案中，应处理好城市扩张模式与自然要素特别是湖泊、坑塘的自然分布间的关系。

第4章　高速铁路对城市用地扩张的影响——基于多期双重差分法的验证

自我国第一条高速铁路（京津城际）开通以来，高速铁路（以下简称“高铁”）在我国呈现出蓬勃发展的态势。2018年，我国铁路投产新线4683公里，其中高速铁路4100公里①。到2020年，我国铁路网规模达到15万公里，其中高速铁路3万公里，覆盖80%以上的大城市②。与此同时，我国城市建设用地面积也呈现出加速扩张趋势。2003年我国城市建设用地总面积为28971.9km^2，2017年为55155.5km^2，年均增长速度为4.8%，而我国城镇人口比重在此阶段的年均增速仅为1.29%③。城市建设用地面积扩张速度远远超过城镇人口增长速度。从各年数据来看，2008年城市建设用地面积较2007年增长了7.67%，2012年城市建设用地面积较2011年增长了9.44%④。2008年恰为我国开始建设高铁的年份，2012年与2013年我国高铁建设开始进入快速发展阶段。因此，从实证出发来回答高铁建设是否影响我国城市用地扩张对未来的国土空间规划具有十分重要的意义。

目前，关于高铁对城市土地利用影响的研究主要集中在高铁对土地利用效率、土地价值以及土地利用类型转换三个方面（Shen et al.，2014；Geng et al.，2015；国巧真等，2015；肖池伟等，2016；许闻博和王兴平，2016；崔学刚等，2018；邓涛涛和王丹丹，2018；周玉龙等，2018）。首先，这些研究基于单个高铁站点或高铁新城的土地利用情况和城市扩张过程中出现的土

---

① 引自《中国铁路总公司2018统计公报》。

② 引自发展改革委、交通运输部、中国铁路总公司印发的《中长期铁路网规划》，2016年7月13日。

③④ 城市建设用地面积原始数据引自中国统计出版社出版的历年《中国城市建设统计年鉴》，增长速率为笔者计算所得。

地利用效率低下以及人地关系等问题，分析了高铁建设与其之间的关系，但都没有明确回答高铁建设是否促进了城市用地扩张，或者潜意识采纳了先验假设，即高铁站点对周边土地利用转换有直接影响。其次，城市用地面积的增长受到多种因素的影响，主要包括城镇人口增长、经济发展水平的提高、产业结构调整以及交通等基础设施的改善等（刘涛和曹广忠，2010）。其中，在研究交通基础设施对土地利用的影响方面，以往研究主要考察城市内部交通（如公交、地铁等）改变了城市内部空间可达性，从而致使城市空间不断扩张以及土地利用结构发生转变（谭琦川和黄贤金，2018），而缺乏对城市间交通网络的研究。高铁极大地改变了各城市的空间可达性，缩短了城市间的通勤时间，增大了人们在一小时内所能到达的距离（洪世键和姚超，2016）。理论上，高铁建设会促进城市用地面积增长，而其是否是当前我国城市用地面积迅速增长的原因之一，以及如何影响城市用地扩张还需要我们进行更深入的探讨。

基于此，本章以我国223个地级市为例，采用多期双重差分法考察高铁建设与城市用地扩张的因果关系。首先，研究对象并不局限于某一条高铁线路或是某一开通高铁的城市，而是从我国223个地级市出发，考察高铁建设对城市用地扩张的总体影响。其次，区分了高铁站开通（高铁从无到有）、高铁站点数量和高铁线路数量对区域城市用地面积的影响。同时，基于各城市区位的异质性，进一步分析高铁对我国不同区域城市用地扩张的影响差异。最后，研究方法的选择，由于各城市高铁开通的年份不同，所以计量模型选择多期双重差分法，与基本的双重差分模型相比，增强了模型的准确性与严谨性。

4.1 理论分析与研究假设

斯皮克曼与韦格纳（Spiekermann and Wegener，1994）认为高速铁路增加的速度可以转化为大量的空闲时间与活动空间，这与大卫·哈维（David Harvey，1990）的“时空压缩”理论类似，典型例子就是欧洲高铁网络的建设导致了西欧的“时空收缩”（Harvey，1990）。上述现象可总结为高铁通过缩短出行时间，提高了各城市的空间可达性，从而推动区域和城市经济、人口与就业等方面发展。而经济发展水平、产业结构调整、城镇人口数量改变等恰为城市用地扩张的主要驱动因素。因此，提出：

假说一：高铁建设（高铁开通、高铁站数量、高铁线路数量）能够促进城市用地扩张。

在空间上，由于高铁提高了其沿线城市的可达性，各城市通过高铁的连接形成城市带、城市群等，从而促进了高铁沿线区域经济一体化（洪世键和姚超，2016；Cao et al.，2013）。第一，高铁建设有利于缩小区域经济差异，促进区域内核心城市发展（Cheng et al.，2015；Chen and Haynes，2017；Ke et al.，2017）。而经济的发展又增加了居民收入，提高消费水平，拉动了居民对住房、娱乐等方面的需求，最终增加对相应用地类型建设用地的需求（陈春和冯长春，2010；赵可等，2011）。第二，高铁建设促进了区域间城市人口的流动，针对高铁开通与人口变动之间的关系，现有研究表明，城市人口通常聚集在具有高速公路或高速铁路等可达性较高的地区，高铁建设促进了该类城市人口的增加（Kotavaara et al.，2011；Li and Xu，2018），城市用地扩张程度恰好依赖于城镇人口数量（赵可等，2011）。第三，高铁对城市可达性的改善在促进区域经济一体化的同时也促进了生产要素与服务的流动，第二、第三产业的生产要素和产品与第一产业相比具有更高的流动性（洪世键和姚超，2016）。高铁建设有利于提升城市服务业的比重，促进中心城市以及周边城市产业结构的升级（蒋华雄等，2017）。产业结构的调整会使生产要素（如土地）从农业部门转移到非农业部门，影响我国土地利用结构，促进城市用地扩张（Li and Xu，2018）。因此，提出：

假说二：高铁建设（高铁开通、高铁站数量、高铁线路数量）对城市用地（城市建设用地、城市建成区）面积增长的影响依赖于高铁所在城市的人口数量以及经济、产业发展水平。

铁路网络密度在区域层面增长存在一定的差异，东部地区铁路网络密度远远高于西北地区，且高铁系统主要服务于人口密度较高的地区，因此我国东部地区高铁的发展快于其他地区（Chen and Haynes，2017），高铁网络设置存在区域布局不均衡的情况。我国东中西三大区域在人口分布、经济发展与产业结构调整等方面存在一定的差异，如我国东部部分省份已进入后工业化阶段，而西部部分地区还处于工业化前期（赵可等，2011）。高铁建设对不同规模城市的城市人口影响差异明显，其中对特大城市与人口在100万~300万的城市影响较为显著（张明志，2018）。而我国拥有较多人口数量的城市主要集中在东部地区，现有研究表明我国高铁建设对东部与北部地区经济发展具有积极影响（Chen and Haynes，2017）。从各城市的产业发展来看，高铁建设对制造业与服务业的影响大部分集中在我国东部城市，少部分为东北及部分中部城市，促进了这些城市的产业结构升级，提升了产业结构水平（蒋华雄等，2017）。综上，高铁建设对三大区域人口、经济与产业等方面的影响存在一定差异。因此，结合高铁网络布局的区域差异性以及高铁对城市发展影响的区域差异性，提出：

假说三：高铁建设对我国城市用地扩张的影响存在区域异质性，其中对东部城市影响最显著。

4.2 模型与数据

4.2.1 多期双重差分模型

双重差分法（difference-in-difference，DID）可有效消除个体在政策实施前后不随时间变化的异质性和随时间变化的增量而剥离出政策实施冲击对个体的净效应，因而在公共政策评估中得到了广泛应用（胡日东和林明裕，2018）。类似于政策实施，高铁的建设也可被视为一项自然实验。理论上，受到高铁开通影响的城市土地利用转换将与没有受到影响的城市土地利用转换在高铁开通前后有显著区别。然而，个体城市的土地利用转换还会受到时间、宏观经济和随机干扰等因素的影响。单纯比较高铁建设前后城市间土地利用转换的差异无法真实反映高铁建设的真实效应。因此，DID可检验我国高铁的开通对城市用地扩张是否存在影响。选取2003~2016年内开通高铁的地级市作为实验组，在这段时间内未开通高铁的地级市作为控制组。DID模型基本形式为：

$$Y_{it} = \beta_0 + \beta_1 Treated_i + \beta_2 Period_t + \beta_3 Treated_i \times Period_t + \varepsilon_{it} \quad (4.1)$$

其中，Y_{it}为城市建设用地或建成区面积；$Treated_i$为分组变量，取值为1时代表实验组，为0时代表控制组；$Period_t$为时间变量，取值为1时为政策发生之后，为0时即政策发生之前；ε_{it}为误差项。但是，上述模型只适用于高铁开通时间一致的情况，而我国各城市高铁开通时间随机分布在2003~2016年之间，若依据此方法将各地级市高铁建设的时间点统一，则最终结果与实际情况不符。因此，用多期双重差分模型进行估计。多期双重差分基准模型为：

$$\ln(Y_{it}) = \beta_0 + \beta_1 Wstation_{it} + \gamma \sum_{n} Controls_{it} + \mu_i + f_t + \epsilon_{it} \quad (4.2)$$

其中，虚拟变量 $Wstation_{it}$ 表示地级市 i 在第 t 年是否开通高铁，若开通则 $Wstation_{it}$ 的取值为 1，否则为 0。由于无法确定各地级市统一建设高铁的时间 $Period_t$，因此，在多期双重差分模型中，原模型中的分组变量与时间变量将不再存在，但新模型中应控制地区固定效应 μ_i 和时间固定效应 f_t。$\sum_{n} Controls_{it}$ 为经济、社会、交通三个层面的控制变量（见表 4.1），ϵ_{it} 为误差项。重点关注 β_1 的回归结果，若 $\beta_1 > 0$ 说明高铁开通能够促进城市用地扩张，反之则对城市用地扩张起到抑制作用。

以式（4.2）为基础，为检验开通高铁站与高铁线路数量对城市用地扩张的影响，将 $Wstation_{it}$ 分别替换为高铁站与高铁线路数量变量 $Station_{it}$、$Route_{it}$，其余变量与式（4.2）一致。最终模型为：

$$\ln(Y_{it}) = \beta_0 + \beta_1 Station_{it} + \gamma \sum_{n} Controls_{it} + \mu_i + f_t + \epsilon_{it} \quad (4.3)$$

$$\ln(Y_{it}) = \beta_0 + \beta_1 Route_{it} + \gamma \sum_{n} Controls_{it} + \mu_i + f_t + \epsilon_{it} \quad (4.4)$$

4.2.2 IV 估计

现有研究表明城市用地扩张不仅受到上文所涉及宏观层面因素（经济、人口、交通）的影响，还受到微观层面自然条件如地形、地质、地貌以及土地区位等因素的影响（黄庆旭等，2009）。由于本章受限于土地微观层面数据的可获取性，模型设定存在遗漏微观层面不可观测变量的问题，导致估计偏差。据此，进一步使用 IV 估计，对高铁建设对城市用地扩张的影响进行稳健性检验。

各城市地形地势等自然条件因素为高铁建设时应考虑的重要因素之一，与是否开通高铁存在高度的相关性。我们参照周玉龙等的做法，选择历史铁路线路，即各地级市 1950 年与 1980 年是否通铁路、1980 年之前建设火车站的数量以及 2000 年之前通过铁路线路的数量分别作为高铁站开通与否 $Wstation_{it}$、高铁站数量 $Station_{it}$ 和高铁线路数量 $Route_{it}$ 的工具变量，采用两阶段最小二乘法进行回归（周玉龙等，2018）。首先，高铁路网的规划应考虑与历史线路的联通，因此二者之间相关性较高，满足IV估计相关性条件。其次，历史铁路线路的建设与土地微观层面遗漏变量不相关，只会独立地影响城市用地扩张，满足IV估计中工具变量与扰动项不相关的条件。

4.3　数据、变量与描述性统计

参照已有研究以及数据的可获取性，主要采用城市建设用地面积和城市建成区面积作为被解释变量对城市用地扩张进行衡量。二者原始数据均来源于历年《中国城市建设统计年鉴》与《中国城市统计年鉴》，其中城市建设用地面积为整个城市所在行政区地级市的城市建设用地总面积，而城市建成区面积则为地级市中心城市城区面积。通过考察高铁建设对二者的影响，可以分析高铁建设对城市土地利用转换的影响范围是仅限于高铁站点所在城市的周边，还是会扩大到高铁所在的整个地级市区域。

现有研究已证实高铁开通对城市用地扩张具有显著促进作用（邓涛涛和王丹丹，2018），然而顺应中国大规模修建高铁的趋势，某一城市在已开通高铁的基础上会继续增建高铁站以及引入新的高铁线路。一方面，高铁通过改变区域城市的可达性来促进城市发展，各城市高铁线路的增加可进一步提升城市可达性；另一方面，目前的高铁站点已由单一站点服务转变为多功能混合的城市服务项目（洪世键和姚超，2016），高铁站点建设影响着周边土地的开发，随着高铁站数量的增长，高铁建设对城市用地扩张影响会发生相应的变化。同时，各城市高铁建设在“高铁是否开通”“高铁站数量”与“高铁线路数量”具有差异。基于上述原因，进一步引入高铁线路数以及高铁站数量来度量“高铁建设”这一核心解释变量。一是城市 i 在年份 t 是否有开通高铁站的虚拟变量 $Wstation_{it}$，有则取值为1，无则为0；二是城市 i 在年份 t 运营高铁站的数量 $Station_{it}$；三是城市 i 在年份 t 运营高铁线路的数量 $Route_{it}$。根据国家铁路局官方网站、12306网站和百度百科，笔者整理了各地级市高铁站开通的时间、车站数量以及通过线路数量的数据。将城市建设用地扩张的控制变量分为三类（见表4.1），有关控制变量的数据来源于历年《中国城市统计年鉴》《中国区域经济统计年鉴》以及各省份2003～2016年的统计年鉴。

表4.1　　主要变量描述性统计

	变量	名称	样本数	均值	标准差	最小值	最大值
高铁变量	*Wstation*	是否开通高铁	3122	0.266	0.442	0	1
	Station	高铁站数量	3122	0.837	1.938	0	20
	Route	高铁线路数量	3122	0.398	0.816	0	7
被解释变量	ln(*aocv*)	城市建设用地面积，取对数值	3120	4.468	0.871	-0.511	7.978
	ln(*aobd*)	城市建成区面积，取对数值	3122	4.48	0.836	2	7.263
	ln(*agrp*)	人均地区生产总值，取对数值	3113	10.207	0.795	0.693	13.056
	ln(*fixeda*)	固定资产投资，取对数值	3113	15.497	1.236	0.693	18.966
城市变量	*sectorc*	第二、第三产业比重	3118	87.216	8.582	2	99.97
	ln(*pop*)	非农业人口数，取对数值	3109	5.868	0.731	0.693	8.129
	ln(*labf*)	城市就业人口数，取对数值	3121	6.705	4.159	0.693	16.409
	ln(*apr*)	人均城市道路面积，取对数值	3095	2.09	0.65	-1.204	4.291

4.4　实证结果

4.4.1　高铁对城市扩张的总体影响

采用城市建设用地面积与城市建成区面积的数据对式（4.2）进行回归，结果如表4.2所示。无论是“高铁站的有无”“高铁站数量”还是“高铁线路数量”，高铁变量的系数均显著为正。加入控制变量后，高铁对城市扩张的影响有所增加，表明有效地控制了其他因素的干扰。一个城市建设高铁站，区域城市建设用地面积平均增长4.2%，城市建成区面积平均增长6.1%，且高铁的开通对城市建成区面积影响更加显著。在一个城市已开通高铁站的基础上，每新增一个高铁站或一条高铁线路，区域城市建设用地面积将分别增长1.1%与2.5%，城市建成区面积将分别增长1.3%与3.4%，上述结果说明各城市高铁站与高铁线路数量对城市用地扩张也存在正向影响，但与首次开通高铁相比，二者对城市用地需求的冲击相对较小。更进一步分析，考察高铁线路数量对城市用地扩张的影响，当控制高铁站数量这一影响因素后发现，

表 4.2　　高速铁路对城市扩张的总体影响

变量	被解释变量：ln(*aocv*)								被解释变量：ln(*aobd*)							
	(1)	(2)	(3)	(4)	(5)	(6)	(7)	(8)	(9)	(10)	(11)	(12)	(13)	(14)	(15)	(16)
Wstation	0.038**	0.042***							0.059***	0.061***						
	(2.403)	(2.735)							(4.550)	(5.052)						
Station			0.004	0.011***			0.004	0.009			0.007**	0.013***			−0.001	0.005
			(1.382)	(3.325)			(0.702)	(1.452)			(2.537)	(5.01)			(−0.161)	(1.098)
Route					0.01	0.025***	0.001	0.008					0.020**	0.034***	0.022**	0.024**
					(1.191)	(3.035)	(0.0053)	(0.521)					(3.118)	(5.326)	(1.817)	(2.107)
ln(*agrp*)		0.028		0.028		0.029		0.029		0.059***		0.058***		0.060***		0.060***
		(1.001)		(1.016)		(1.043)		(1.039)		(2.684)		(2.641)		(2.74)		(2.737)
ln(*fixeda*)		0.02		0.025		0.023		0.025		0.001		0.007		0.005		0.007
		(1.058)		(1.35)		(1.234)		(1.346)		(0.054)		(0.454)		(0.355)		(0.442)
sectorc		0.012***		0.012***		0.012***		0.012***		0.010***		0.010***		0.010***		0.010***
		(5.506)		(5.604)		(5.641)		(5.609)		(5.688)		(5.88)		(5.934)		(5.909)
ln(*pop*)		0.216***		0.198***		0.201***		0.196***		0.248***		0.230***		0.229***		0.226***
		(4.026)		(3.649)		(3.713)		(3.621)		(5.906)		(5.419)		(5.395)		(5.320)
ln(*labf*)		0.003**		0.003**		0.003**		0.003**		0.001		0.001		0.001		0.001
		(1.979)		(1.957)		(2.018)		(1.979)		(0.761)		(0.691)		(0.82)		(0.791)
ln(*apr*)		0.018*		0.018*		0.018*		0.018		0.019**		0.018**		0.019**		0.091**
		(1.658)		(1.631)		(1.649)		(1.645)		(2.24)		(2.146)		(2.21)		(2.207)
时间固定	是	是	是	是	是	是	是	是	是	是	是	是	是	是	是	是
地区固定	是	是	是	是	是	是	是	是	是	是	是	是	是	是	是	是
样本数	3120	3067	3120	3067	3120	3067	3120	3067	3122	3068	3122	3068	3122	3068	3122	3068
r2_a	0.372	0.417	0.371	0.418	0.371	0.417	0.371	0.417	0.498	0.562	0.496	0.562	0.496	0.562	0.496	0.562
F	1036.091	302.633	1036.783	303.46	1036.362	303.034	688.285	269.703	1661.752	520.267	1646.544	520.137	1650.044	521.135	1099.668	463.399

注：括号内为t值，*、**、*** 表示10%、5%和1%显著性水平。

高铁线路数量对城市建成区面积的影响显著而不会影响城市建设用地面积，即在已有高铁站的基础上，每多通过一条高铁线路，城市建成区面积将增长2.4%。

以上结果均表明高铁建设显著地促进了城市用地的扩张，充分验证了假说一。一方面，高铁开通与各城市高铁线路的增加能显著提升区域间的可达性，缩短通行时间，使高铁所在区域辐射能力更强，扩大区域服务半径，从而增加更多高端服务业市场需求，吸引更多高端服务业企业在高铁所在区域聚集，进而对商服用地的需求增加，最终导致城市不断外扩。另一方面，高铁建设还能有效降低高端服务业的交易成本和沟通成本，以及降低制造业的运输成本，促使产业聚集，从而增加对城市建设用地的需求。最后，高铁建设对城市建成区面积影响大于对城市建设用地的影响，进一步说明高铁建设对城市用地扩张的短期影响较大。控制变量回归结果均符合预期，在经济因素中，城市人均生产总值对城市建成区面积的影响较对区域城市建设用地面积的影响显著，固定资产投资对城市扩张的影响在此处不显著；在交通因素中，城市人均道路面积对城市建成区面积的影响较区域城市建设用地面积的影响显著。产业和人口的回归系数均为正且在1%的水平上显著，表明第二、第三产业的增长和非农业人口的增加对城市用地面积的增长均有促进作用。总之，控制变量中的经济、人口、交通和产业对城市建设用地和城市建成区的影响符合经典的单中心城市空间理论。

4.4.2 高铁建设对城市用地扩张的影响依赖于经济、产业及人口水平

从多期双重差分模型中高铁建设对城市用地扩张影响的检验结果来看，不能拒绝高铁建设显著促进城市用地扩张的研究假设。进一步引入经济、人口及产业与高铁变量的交互项，考察高铁建设对在这三方面处于不同发展水平城市的影响差异性。具体的模型设计如下：

$$\ln(A_{it}) = \beta_0 + \beta_1 B + \beta_2 B \times (Y_{it} - a\,Y_{it}) + \gamma \sum_n Controls_{it} + \mu_i + f_t + \epsilon_{it} \tag{4.5}$$

其中，B 分别代表变量 $Wstation_{it}$、$Station_{it}$ 与 $Route_{it}$，其解释同式（4.2）。Y_{it} 分别为人均地区生产总值（$agrp$）、非农业人口数（pop）的对数值以及第二、

第三产业的比重（*sectorc*），*a* Y_{it} 分别为 Y_{it} 的均值。此时城市建设用地面积与城市建成区面积的对数值对高铁建设的偏效应取决于上述三个变量的大小。

表4.3显示了最终的检验结果，高铁开通变量交互项的系数在1%与5%的水平上显著为正，在分别控制经济、人口和产业与高铁变量的交互效应后，高铁开通对城市建成区面积存在显著影响，而高铁站数量对上述三个变量的依赖程度并不显著，说明高铁首次开通对城市用地扩张的影响程度依赖于该城市经济、产业与人口的发展水平。即当一城市人均生产总值大于17008.74元/年，第二、第三产业比重高于82.36%或非农业人口数大于184.29万人时，城市高铁首次开通能够显著促进城市建成区面积的增长。反之，当这三方面的发展程度低于上述水平时，高铁建设对城市用地扩张会带来负向影响，即随着三个变量每下降一个单位，首次开通高铁后城市建成区面积将分别下降5.8%、6.6%及0.7%。且当人均生产总值大于27092.16元/年，第二、第三产业比重高于87.22%或城市非农业人口数大于352.482万人时，经济、产业与人口变量每增加一个单位，首次开通高铁后城市建成区面积将分别增加8.5%、10.9%及4.1%。根据克鲁格曼提出的新经济地理理论，运输成本对区域间要素流动有着重要影响，高铁建设降低了劳动力等生产要素的流动成本，在一定程度上重塑了经济活动的空间布局（卞元超等，2019）。当一城市经济、人口与产业发展较好时，首先高铁建设会从欠发达地区吸引更多城市劳动力等生产要素，在规模报酬的驱动下生产要素进一步集聚；同时高铁建设也加深了该类城市彼此间联系，打破了区域间的分割，扩大了城市边界，最终加深了城市用地的扩张，也更加限制了相对落后城市的发展。值得注意的是，在此处高铁线路数量对城市用地扩张的影响显著依赖于产业发展水平，当一城市第二、第三产业比重高于87.22%时，第二、第三产业比重每上升一个百分点，城市建成区面积将在高铁首次开通后增长2.7%，进一步说明制造业及高端服务业的发展对区域城市可达性的依赖。随着高铁线路的增多，在要素“趋优”的影响下，第二、第三产业由于运输成本、交易成本以及沟通成本的降低会进一步聚集，从而增加对相应类型的土地需求，促进城市建设用地面积增长。上述结果部分证实了假说二。

4.4.3　高铁对我国东中西部城市扩张影响的异质性

在式（4.2）的回归中，加入城市所属区域与高铁变量的交互项，并且同

表 4.3　高铁对城市用地扩张影响对经济、产业与人口的依赖性

变量	被解释变量：ln(*aocv*)									被解释变量：ln(*aobd*)								
	(1)	(2)	(3)	(4)	(5)	(6)	(7)	(8)	(9)	(10)	(11)	(12)	(13)	(14)	(15)	(16)	(17)	(18)
Wstation	0.025 (1.341)			0.030 * (1.900)			0.023 (1.379)			0.027 * (1.870)			0.043 *** (3.480)			0.034 *** (2.613)		
station		0.009 (1.571)			0.011 ** (2.559)			0.007 (1.586)			0.010 * (2.040)			0.011 *** (3.212)			0.010 *** (2.702)	
route			0.020 (1.534)			0.019 * (1.956)			0.012 (1.241)			0.030 *** (2.993)			0.028 *** (3.710)			0.026 *** (3.360)
Wstation × ln(*agrp*) − 10.207	0.040 ** (2.037)									0.058 *** (3.738)								
station × ln(*agrp*) − 10.207		0.002 (0.317)									0.004 (0.867)							
route × ln(*agrp*) − 10.207			0.006 (0.542)									0.004 (0.550)						
Wstation × ln(*pop*) − 5.868				0.076 *** (4.135)									0.066 *** (4.534)					
station × ln(*pop*) − 5.868					0.000 (0.049)									0.003 (1.098)				
route × ln(*pop*) − 5.868						0.000 (0.049)									0.003 (1.098)			
Wstation × *sectorc* − 87.216							0.007 *** (3.726)									0.007 *** (4.763)		

续表

变量	被解释变量：ln(*aocv*)									被解释变量：ln(*aobd*)								
	(1)	(2)	(3)	(4)	(5)	(6)	(7)	(8)	(9)	(10)	(11)	(12)	(13)	(14)	(15)	(16)	(17)	(18)
station × *sectorc* − 87.216								0.001 (1.190)									0.001 (1.336)	
route × sectorc − 87.216									0.002** (2.139)									0.001* (1.692)
控制变量	是	是	是	是	是	是	是	是	是	是	是	是	是	是	是	是	是	是
时间固定效应	是	是	是	是	是	是	是	是	是	是	是	是	是	是	是	是	是	是
地区固定效应	是	是	是	是	是	是	是	是	是	是	是	是	是	是	是	是	是	是
样本数	3067	3067	3067	3067	3067	3067	3067	3067	3067	3068	3068	3068	3068	3068	3068	3068	3068	3068
r2_a	0.418	0.42	0.42	0.42	0.42	0.42	0.42	0.42	0.42	0.565	0.562	0.562	0.566	0.562	0.562	0.566	0.562	0.562
F	187.309	269.668	269.668	189.158	269.648	269.648	188.7	269.940	269.940	324.141	462.387	462.387	325.396	462.512	462.512	325.800	462.671	462.671

注：括号内为t值，*、**、*** 表示10%、5%和1%显著性水平。

时控制地区与时间固定效应，进行区域异质性检验。将全国分为东部、中部和西部地区，其中 *earea*、*carea*、*warea* 三个虚拟变量分别代表各城市所在区位。表4.4 显示了最终回归结果，从交叉项的系数来看，高铁对三大区域城市用地面积的影响具有明显的异质性。首次开通高铁可显著促进东部区域城市用地扩张，而对中西部地区的影响并不显著。同时，高铁站数量以及高铁线路数量对城市用地扩张的影响也不存在明显的区域异质性。

首先，路网密度的差异性导致了高铁建设对城市用地扩张影响的区域差异性，东部地区高铁路网密度大，区域城市可达性高，高铁建设对城市用地扩张的影响显著。其次，结合各城市经济、产业以及人口发展水平，开通高铁后经济发展水平小于 17008.74 元/年的城市中有 62.5% 的城市处于东北与西部地区，第二、第三产业比重小于 82.36% 以及非农业人口数小于 184.285 万人的城市中分别有 64% 与 52% 处于中西部地区。由此可见，中西部地区由于社会经济发展相对落后、人口城镇化进程缓慢等原因，现阶段其城市用地扩张的主要驱动力为经济发展、城市人口增加与产业结构调整等传统因素，而高铁建设对其城市用地扩张的影响并不显著。最后，从东部地区三大城市群中部分城市来看，京津冀、珠三角、长三角城市就业人口数量年均增长速率在高铁开通后分别提高了 1.11%、2.95% 与 0.7%，而中西部地区城市就业人口数量随着高铁建设呈现下降的趋势。由于高铁建设带来的时空压缩效应以及城市可达性的改变，东部地区对高素质人口及创新型企业的吸引力进一步增强，使得中西部地区资源要素更多流向东部地区，最终导致城市用地需求在东部城市增加而在中西部城市减少，拉大了三大区域城市扩张水平的差距，这一结果也进一步印证了克鲁格曼提出的新经济地理理论。因此检验结果说明高铁首次开通对城市建设用地面积扩张的影响主要发生在我国东部片区，进而部分验证了假说三。

4.4.4 平行趋势检验

DID 有效的前提条件是平行趋势假设成立。为了验证平行趋势假设，可借助李志刚与徐航天的做法（Li and Xu，2018），若平行趋势假设成立，则高铁开通对城市扩张的影响只会发生在各城市高铁开通后，而在高铁开通前，开通高铁城市与未开通高铁城市的城市用地面积变动趋势不存在显著差异。

为检验平行趋势假设，在式（4.2）的基础上设定如下模型：

表4.4 高铁对城市用地区扩张域异质性检验

变量	被解释变量：ln(*aocv*)									被解释变量：ln(*aobd*)								
	(1)	(2)	(3)	(4)	(5)	(6)	(7)	(8)	(9)	(10)	(11)	(12)	(13)	(14)	(15)	(16)	(17)	(18)
Wstation × *earea*	0.046 * (1.909)									0.078 *** (5.324)								
station × *earea*		0.001 (0.152)									0.000 (0.024)							
route × *earea*			−0.002 (−0.118)									−0.000 (−0.036)						
Wstation × *warea*				−0.017 (−0.546)									0.013 (0.572)					
station × *warea*					0.001 (0.078)									0.001 (0.160)				
route × *warea*						−0.004 (−0.234)									0.001 (0.054)			
Wstation × *carea*							−0.041 (−1.605)									0.011 −0.598		
station × *carea*								−0.002 (−0.239)									−0.001 (0.168)	
route × *carea*									0.005 (0.326)									−0.000 (−0.006)
控制变量	是	是	是	是	是	是	是	是	是	是	是	是	是	是	是	是	是	是
时间固定效应	是	是	是	是	是	是	是	是	是	是	是	是	是	是	是	是	是	是
地区固定效应	是	是	是	是	是	是	是	是	是	是	是	是	是	是	是	是	是	是
样本数	3067	3067	3067	3067	3067	3067	3068	3068	3068	3068	3068	3068	3068	3068	3068	3068	3068	3068
r^2_a	0.417	0.417	0.417	0.417	0.417	0.417	0.417	0.417	0.417	0.562	0.562	0.563	0.558	0..562	0.564	0.558	0.562	0.565
F	269.663	269.652	269.271	268.974	269.649	269.280	269.443	269.659	269.291	521.13	462.182	463.068	512.567	462.188	463.069	512.576	462.189	463.068

注：括号内为t值，*、**、***表示10%、5%和1%显著性水平。

$$\ln(Y_{it}) = \alpha + \sum_{p=-13}^{13} \beta_p Year_{pit} + \gamma \sum_{n} Controls_{it} + \lambda_i + \varphi_t + \epsilon_{it} \quad (4.6)$$

其中，$Year_{pit}$ 是一个虚拟变量，若城市 i 在 2003～2016 年开通了高铁，第 t 年为 i 城市高铁开通前或开通后的第 p 年，则 $Year_{pit}$ 取值为 1，否则为 0。在此处，衡量高铁开通前 13 年与开通后 13 年城市建设用地面积与建成区面积的变化，若 β_{-13} 到 β_{-1} 不显著则说明平行趋势假说成立。图 4.1 显示了 β_p 系数的大小及其 95% 的置信区间，其中横坐标代表式（4.6）中 β_p 的下角标 p。图 4.1 表示城市建设用地面积与城市建成区面积在高铁建设前后系数变化情况。由回归结果显示，无论是城市建设用地面积还是城市建成区面积，β_{-13} 到 β_{-1} 的系数的变化未表现出一定的规律，同时 β_{-13} 到 β_{-1} 的系数不显著异于 0，由此表明平行趋势假设成立。

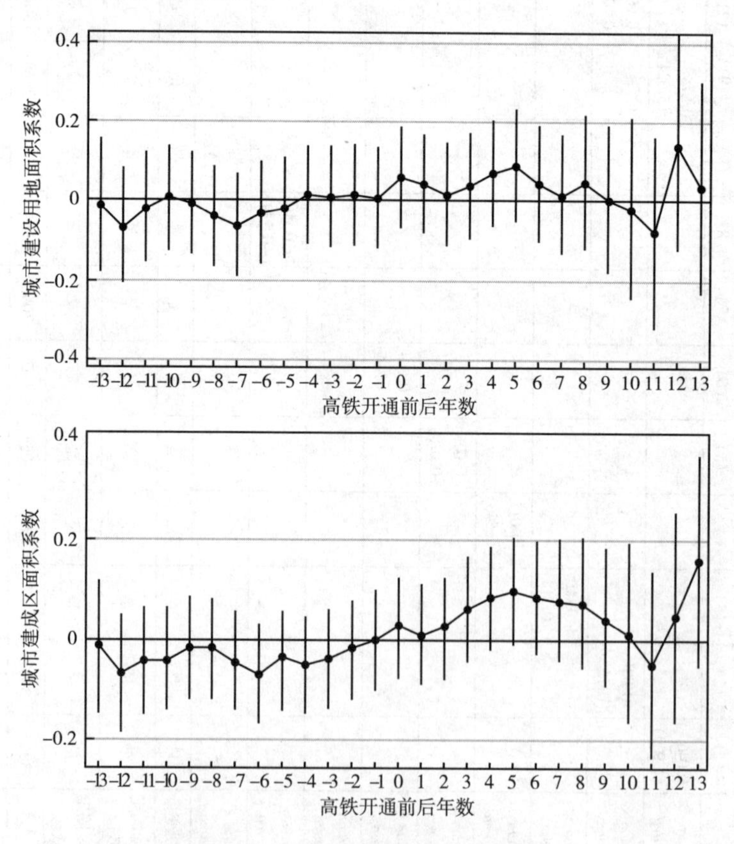

图 4.1　城市建成区面积平行趋势

4.4.5 稳健性检验

1. 倾向得分匹配（PSM）后的双重差分法

由于各城市高铁开通的不完全随机性，实验组（开通高铁的城市）和控制组（未开通高铁的城市）可比性较差。因此，采用PSM法进行匹配得到新的可比控制组。使用最邻近匹配方法，选取固定资产投资（*fixeda*）、城市就业人口数（*labf*）、各地级市人均城市道路面积（*apr*）三个匹配变量，分别控制了城市层面的经济、社会以及交通因素，对照组和实验组数量的匹配比例为1:1。表4.5显示了匹配后的样本均通过平衡性检验，由此证明了匹配后样本的有效性。在获得匹配后的新样本后，再次对式（4.2）、式（4.3）、式（4.4）进行回归，表4.6中（1）~（3）与（7）~（9）为最终回归结果。首次开通高铁，增设一个高铁站或一条高铁线路，均能显著促进城市用地的扩张，与上文回归结果一致。因此，使用多期双重差分回归的结果是稳健的。

表4.5 匹配后的平衡性检验

变量	均值		偏差(%)	偏差减小的程度(%)	t检验的p值
	实验组	对照组			
ln(*fixeda*)	15.716	14.998	61.3	92.9	0.000
	15.489	15.438	4.4		0.150
ln(*apr*)	2.1380	1.9815	24.4	97.0	0.000
	2.0963	2.0917	0.7		0.833
ln(*pop*)	6.9028	6.2761	15.2	78.2	0.000
	6.6897	6.5534	3.3		0.318

2. IV估计

表4.6中（4）~（6）以及（10）~（12）显示了IV估计结果。由表4.6可知，因第一阶段的F值均大于10，所以拒绝了弱工具变量的假设。由于本章选择了两个$Wstation_{it}$的工具变量需进行过度识别检验，城市建设用地面积在10%的水平上拒绝了原假设，城市建成区面积在5%的水平上拒绝了原假设，表明工具变量满足外生性条件。从回归结果来看，高铁的开通仍能有

表 4.6　　PSM、工具变量回归

变量	被解释变量：ln(*aocv*)						被解释变量：ln(*aobd*)					
	(1)	(2)	(3)	(4)	(5)	(6)	(7)	(8)	(9)	(10)	(11)	(12)
Wstation	0.031* (1.894)			0.509*** (6.427)			0.049*** (3.806)			0.497*** (6.719)		
Station		0.010** (2.152)			0.296*** (3.433)			0.014*** (3.685)			0.325*** (3.737)	
Route			0.027** (2.555)			0.246*** (3.244)			0.041*** (4.853)			0.274*** (3.865)
控制变量	是	是	是	是	是	是	是	是	是	是	是	是
时间固定效应	是	是	是	是	是	是	是	是	是	是	是	是
地区固定效应	是	是	是	是	是	是	是	是	是	是	是	是
样本数	2745	2745	2745	3067	3067	3067	2746	2746	2746	3068	3068	3068
r2_a	0.391	0.391	0.392	0.391	0.391	0.392	0.534	0.534	0.535	0.534	0.534	0.535
F	247.528	247.761	248.183	247.528	247.761	248.183	420.096	419.834	422.724	420.096	419.834	422.724
第一阶段 F 值				181.923	22.674	107.231				181.76	22.490	107.153
过度识别检验 p				0.2052	—	—				0.0863	—	—

注：括号内为均值；*、**、*** 表示 10%、5%、1% 显著性水平。

效地促进城市建设用地面积的扩张，与上文回归结果相同，因此工具变量回归结果再一次证实了上文回归结果的稳健性。

4.5　结论与启示

4.5.1　主要结论

本章采用我国223个地级市的相关数据，通过多期双重差分模型检验了各地级市高铁站开通、高铁站数量和高铁线路数量对区域城市用地扩张的影响，并采用PSM与工具变量法验证了实证结果的稳健性。通过研究得出如下结论：（1）高铁从无到有、多建设一个高铁站与多开通一条高铁线路都会显著促进城市用地的扩张。（2）高铁首次开通对城市用地扩张的影响依赖于城市经济、产业与人口发展水平，城市发展越好，高铁首次开通对城市用地扩张的正向影响越大。（3）高铁对我国城市用地扩张的影响存在区域异质性。其中，东部地区的高铁首次开通会显著促进城市用地的扩张，而中西部城市高铁建设对城市用地扩张的影响并不显著。

4.5.2　政策启示

第一，高铁建设与高铁站点布局应成为各城市用地空间布局的重点考虑因素。本研究证实了高铁建设对城市用地扩张具有显著的促进作用，鉴于当前我国高铁发展迅猛这一事实，未来国土空间规划中的用地空间布局研究应当将高铁这一大型公共交通设施视为对用地潜力与需求有影响的重要因素之一，据此合理进行用地空间布局；同理，在对高铁站点选址时也要考虑到未来会对周边土地利用转换造成的冲击。虽然高铁选址通常受到地方政府间博弈、施工技术和公共安全的影响，但高铁站点应尽量避免规划于优质农田、水域和林地等连片生态用地周边，否则高铁站点可能对未来周边生态环境带来的不可逆的负面影响将难以估量。

第二，在考虑自身经济产业等发展水平的前提下，各城市要充分利用好高铁建设所带来的优势及其影响的区域异质性，使一个区域拥有高铁站点比使在一个已有高铁站点的城市新设站点更能释放区域间的用地与经济活力。

从此角度而言，高铁站点规划也可作为一种统筹平衡区域内部发展的政策工具。但需要注意的是，高铁首次开通对土地利用的影响具有显著的东、中、西区域间异质性，且这种影响依赖于城市本身的经济、产业与人口规模。因此，对中西部欠发达地区而言，在一定时期内建设高铁站点是否能吸引更多高端服务业与制造业聚集，并通过“规模效应”“流量效应”和“互动效应”激活当地经济发展活力，还需要从全国层面来看，以是否提高了宏观资源配置效率为准来评估。

本研究受制于数据所限，还存在以下不足：首先，仅量化了高铁对城市用地扩张数量的影响，而未涉及其对城市用地扩张空间分布的影响。其次，我国高铁建设年限相对较短，仅考察了短期内高铁的建设对城市用地扩张影响，长期影响需要进一步研究。最后，只将我国分为东、中、西三个区域分析高铁对城市用地的扩张影响的异质性，而这种异质性在不同地域内部的差异还需进行深入研究。

第5章　基于景观格局变化的城市扩张空间驱动因子回归分析

城市增长的空间形态和规模大小有赖于其复杂的驱动因素，通常包括自然物理因素、社会经济因素、邻域因素和土地利用政策因素等方面（Li et al.，2013）。为了更好地确定这些因素对城市增长的影响，多元线性回归（Müller et al.，2010；Lu et al.，2013）、二元回归（Ma and Xu，2010；Wu and Zhang，2012）、logistic 回归（Ma and Xu，2010；Cheng and Masser，2013；Dendoncker，2007；Luo and Wei，2009；Reilly et al.，2009；Shu et al.，2014）等传统的统计方法得到了广泛应用。然而，这些方法均假设变量具有空间独立性和恒等性，而不能解决空间变量的空间自相关性（Overmars et al.，2003；Páez and Scott，2004；Anselin，1988）。城市增长是一个具有空间约束的过程，某个区域的变化结果通常会受其他区域变化结果的影响（Páez and Scott，2004）。同时，影响土地利用变化的变量本身通常也会呈现出空间自相关性。因此，在研究城市增长驱动力时应该对驱动因子之间的空间关联和因变量间的空间关联加以考虑。除此之外，以往的城市用地扩张驱动力研究大多采用城市用地数量变化作为城市扩张的测度因子，而忽略了地理区位因子在不同空间粒度下对城市扩张导致的城市景观格局变化产生的影响。

本章在综合运用遥感技术和地理信息系统技术提取武汉城市圈23年城市扩张动态过程的基础上，采用景观指数刻画不同空间尺度上城市扩张的格局特征，并将城市景观格局动态变化特征因子作为城市扩张驱动力研究的因变量，借助空间回归模型识别不同地理区位因子在不同空间粒度下对其产生的影响。

5.1 城市扩张驱动因子分析

5.1.1 自然地理因子对城市扩张的影响

目前，多数学者认为影响城市用地增长率和增长格局的因子主要包括自然物理因子、社会经济因子、土地主体因子以及土地利用政策和规划等因子。自然地理因子主要是地形地貌和地理区位。地形会限制水资源供给和平坦土地的供给，从而决定城市的规模大小和空间分布（Müller et al.，2010）。地形在城市形成早期甚至成为影响城市形态最主要的因素。这主要是由于城市住宅、交通道路以及工业区都需要利用较为平坦的土地。在科学技术不发达的时期，将陡峭的山地开垦为城市用地所需成本较高，因此大部分城市都以同心圆向外扩散的方式建立在地势较为平坦的地方，地处山区的城市常常沿山谷或者河谷建立。在以往的研究中，常用坡度和高程两个影响因子来表征地形对城市扩张的影响（Müller et al.，2010；Reilly et al.，2009；Braimoh and Onishi，2007；Ye et al.，2013）。

地理区位是影响城市扩张的另一个主要因素。距道路的距离（Müller et al.，2010；Cheng and Masser，2003；Luo and Wei，2009；Reilly et al.，2009；Poelmans and Van Rompaey，2009），距社会经济中心的距离（Sudhira et al.，2004；Vermeiren et al.，2012），距河流和水域的距离（Cheng and Masser，2003；Luo and Wei，2009）等空间距离因素对控制城市扩张有重要影响。道路和社会经济中心会带来城市建设和提高居民生活便利度，它们通常在加速城市化过程中发挥重要作用。同等级的道路对城市扩张可能会有不同的影响。不同等级的社会经济中心，如大城市中心和县市级城市中心，对城市扩张的辐射作用范围大小也不一致。邻域的属性在一定程度上对土地城市化有一定的影响，邻近城市区域的非建设用地更容易转为建设用地，被城市用地包围的非城市用地单元更容易向城市用地转变。

5.1.2 社会经济因子对城市扩张的影响

大量研究表明人口和 GDP 是刺激城市扩张的宏观影响因素（Lu，2013；

Wu and Zhang，2012；Sudhira et al.，2004）。城市用地本身在社会生产活动中与劳动力、资金一起成为生产的基本要素。在区域经济发展中，城市用地是第二产业和第三产业的物质载体。随着经济发展，经济活动对城市用地的需求越来越高。一方面，产业结构逐渐从第一产业向第二产业和第三产业转变。产业结构调整中，早期位于城市中心附近的工业用地逐渐向城市外围郊区转移，而城市中心附近的土地则用于开发高密度的住宅区或者容积率较高的商业综合体。工业用地的外扩和住宅郊区化使得城市用地空间范围不断向外扩张。另一方面，经济发展水平的提高会促使人们生活水平的提高，城市人口对居住空间与居住环境必然有更高的要求，这也加快了城市居民对城市建设用地的需求，推动了城市房地产业的开发，间接促进了城市用地空间扩张。人口增长是影响城市扩张的另一个重要的社会因子。随着中国各地城市化水平的提高，农村人口不断向城市迁移，带动了居住用地和生产生活用地需求的提高，加速了城市用地空间扩张。城市人口增长是城市扩张主要驱动力之一（谈明洪等，2003）。

5.1.3　土地利用主体对城市扩张的影响

从城市扩张模拟的角度而言，微观个体也是城市扩张的驱动因子。城市系统动态变化和自组织变化是由一系列微观个体行为到宏观行为的集中体现。不仅微观个体的自主选择行为会影响城市空间形态的发展，微观个体之间的相互作用、相互影响对城市用地最终布局都会有着决定性的作用。而以往城市扩张驱动机制研究没有重视土地微观主体之间的博弈行为对城市扩张的影响。其实，在基于主体模型模拟城市扩张中，已经贯穿了土地主体的主观能动作用对非城市用地向城市用地转换的影响（见表5.1）。

表5.1　城市土地开发过程中主要的主体

研究对象	作者	主题
城市用地	安东尼·吉姆巴和苏珊娜·德拉吉舍维奇，2012	城市规划员，房地产开发商，居民，零售商和工业品制造商
城市用地	罗宾逊等，2012	房地产代理商，居住用地开发商，工业、商业和农用地使用者
城市用地	阿尔桑贾尼等，2013	居民，房地产开发商和政府

续表

研究对象	作者	主题
城市用地	黎夏和刘小平，2007	居民，房地产开发商和政府
城市用地	张鸿飞等，2010	居民，农民和政府
城市用地	哈泽等，2010	居民
城市用地	侯赛因等，2013	5种具有不同收入水平和对公共交通接近度有不同需求的主体
城市用地	马廖卡等，2011	消费者、农民和开发商
城市用地	张静等，2013	居民，企业和政府

ABMs中城市扩张的主体是指与土地客体有间接或者直接权属关系的各种具有自主决策行为能力的微观个体，这些主体主要包括社会经济活动中的政府、个人和企业（开发商）等。这些主体的区位主观能动选择行为直接决定了土地利用性质的转变。对于政府而言，不同职能的政府在城市土地开发过程之中的作用不一样，其实施的行为也不一样。中央政府从宏观上把握土地利用政策、税收政策以及金融政策等来影响房地产、开发区等建设，从而对每个城市的空间结构产生一定的影响。地方政府则通过行使实际的城市规划权、土地征收和征用权等直接决定地块的城市化过程，对城市空间形态和结构的变化有更直接的作用。一方面，地方政府要保证土地利用转换符合土地利用规划和城市规划。另一方面，地方政府又必须通过土地交易获取足够的财政收入。因此，规划管制和经济利益是影响政府决策行为的主要因素。开发商是影响城市用地空间形态的另一主体。房产开发商的住宅投资行为直接影响了未来城市居住空间的发展方向。对于开发商而言，经济利益无疑是影响其决策的最主要因素。农民或者农民集体经济小组是当今中国城市土地开发过程中地位相对弱势的主体。对于农民而言，失去土地使用权就意味着未来有失去生活来源的风险。因此，农民是否支持或者阻挠政府进行土地开发也是决定未来城市用地空间形态的重要因素。影响农民决策行为的主要因素是经济利益和征地风险。所谓征地风险主要是指与政府之间有可能发生的征地冲突风险和失去土地后未来没有生活来源的风险。

5.1.4 土地利用政策对城市扩张的影响

由于中国不同的体制背景，城市扩张会受各种不同土地利用政策和规划因素影响，如基本农田保护政策、增减挂钩政策、开发控制区域等。许多复杂的因素共同驱动城市扩张。在中国，控制城市扩张最重要的因素之一是土地利用政策（Shahtahmassebi et al.，2014）。与大多数的西方国家不同，城市蔓延通常表现为低密度的住房、对汽车的依赖和生活方式的转变，在中国，深层次的制度背景在城市扩张中发挥着巨大的作用。然而，制度背景对城市扩张的影响却很难定量化研究，因为制度背景往往作为宏观因素，且其作用无法在格网中精确测算。虽然中央和地方政府都出台了一系列的土地利用政策来限制农用地向建设用地的流转（见表5.2），但只有极少数的政策在保护农用地方面取得了一定成效。通过分析自1986年来政府实施的主要政策，研究发现土地利用政策无法有效控制城市扩张主要有两个原因。

第一，是一些政策在追求经济利益和控制城市蔓延方面具有不一致性。地方政府通过提高地方工业化程度来增加财政收入，吸引了许多乡镇企业在半城市化区域或城市郊区兴建工厂。此外，地方财政收入很大程度上依赖于土地税收，因此政府会通过提高土地租赁费来增加自己偿还贷款的能力，同时用来完善公共服务设施（Ding，2007）。1989年后颁布的一些土地利用税收条例开始允许国有土地在市场上进行交易，这也增加了政府进行土地开发的利益（Ding，2003）。政府所得利益主要可分为两种，一种是从土地租赁和土地税收中得到的直接收入，另一种则是间接收入，如将土地作为替换物来获取外资企业的高额利率，同时地方政府通过与实力雄厚的外资企业共享土地也吸引了可观的外商投资。根据《土地征收条例》，政府能用从农村集体手中征收的土地吸引外资企业。在中国各级别的政府措施中，促进经济发展一直处于最重要地位，因而前面所提及的土地利用政策对城市空间扩展的速度便只能产生较弱的作用（Lichtenberg and Ding，2009）。因此，城市蔓延在中国是不可避免的。

为了遏制城市的无序扩张，解决农用地流失和粮食安全问题，中国政府已经引入了许多政策，如“城乡建设用地增减挂钩”“土地整理”“土地集约节约利用”“基本农田保护”等。虽然这些政策是并行实施的，但它们却致力于解决不同的问题（Long，2014）。因此，中央政府应建立一个同时实施这些政策的全局性框架。另一个重要问题是平衡快速城镇化和工业化过程对建设用地的需求与保护耕地和水体的需求之间的矛盾。在1994年，中国颁布了基本农田保护条例来控制过热的城市扩张。这一规定要求地方政府在每个村镇划明基本农田保护区来保护高质量的耕地。然而，在2000年实行的西部大开发项目和2004年实行的中部崛起又鼓励中西部区域从事土地开发项目。虽然有许多保护耕地的政策和规定，但城市和农村区域的建设用地总规模必须得到控制。政府可以通过弃耕土地和工矿废弃地的整理来挖掘更多的土地潜力，提高土地利用效率。

由于大量的居住用地被闲置和抛弃，中国形成了许多空心村（Long et al.，2012）。这种土地的低效利用在很大程度上是由于中国城乡发展的二元结构造成的。许多农民进城务工，但他们并没有享受到真正城市居民应有的社会福利。因此，他们很难在城市定居，大多选择保留农村的房屋和土地。未来的政策要打破目前的户籍制度，让进城的农民工真正获得城市居民的权利，才能帮助他们在城市落脚。另外，农村土地整理是调整土地空间结构的重要方式，政府和国土部门应该积极推进。

第二，是政府制定的土地利用政策不能很好的贯彻落实。尽管中央政府制定了许多控制耕地流失的土地利用政策，但地方政府在实施过程中却偷梁换柱做一些修改，大大降低了政策的效力（Li and Yeh，2004）。中国的土地市场，尤其是近年来蓬勃发展的房地产市场，严重影响了城市控制策略的实施效力（Zhao，2011）。地方政府的关注点多在于经济增长，当控制城市扩张的政策在实施过程中涉及市场力量时，其实施效果就会受到挑战。因此，除了制定合理的耕地保护或提高土地利用效率的政策外，当局者还应该长期监督这些政策的实施绩效。

表5.2　　中央政府和地方政府制定的土地利用政策总结

级别	年份	政策	主要目标	参考文献
中央政府	1986	颁布《土地管理法》	定义土地所有者和土地使用者的土地产权参数	Qu et al.，1995
	1988、1989	《城镇土地使用税暂行条例》《关于土地使用税若干具体问题的补充规定》	提高城市土地利用效率和调整地租差异	Ding，2003
	1994	《基本农田保护条例》	保护基本农田	Li and Yeh，2004；Lichtenberg and Ding，2008
	2000	西部大开发项目	大力发展中国内陆和西部地区	Goodman，2004；Li，et al，2013
	2004	《宪法》关于土地征收的规定	允许农村集体土地所有权向国有土地所有权转移，增加政府的土地供给	Ding，2007

续表

级别	年份	政策	主要目标	参考文献
中央政府	2005	城乡建设用地“增减挂钩”政策	平衡城市建设用增加和农村建设用地减少的数量	Long, et al, 2012; Liu et al., 2014
	2005	《省级政府耕地保护责任目标考核办法》	各省、自治区、直辖市人民政府的责任人应确保其管辖的省级行政区域范围内的耕地面积不减少，并对耕地保护目标进行绩效考核	中华人民共和国国务院，2005
	2006	中部崛起计划	促进中部地区的社会经济发展	中华人民共和国国务院，2016
	2007	《关于严格执行有关农村集体建设用地法律和政策的通知》	严格控制农村集体建设用地规模	中华人民共和国国务院，2007
	2008	《关于切实推进节约集约利用土地的实施意见》	提高建设用地城镇化效率	中华人民共和国国土资源部，2008
	2012	土地整理	降低土地破碎化程度，提高土地生产率和改善农民生活条件	Long, 2014
地方政府	2009	推进武汉城市圈“两型社会”综合配套改革试验区建设	保护基本农田和提倡土地集约利用	湖北省人民政府，2009
	2013	《湖北省人民政府关于加强武汉城市圈城际铁路沿线土地综合开发的意见》	促进城际铁路沿线的土地综合开发	湖北省人民政府，2013

5.2　基于景观格局分析的空间自回归模型

5.2.1　城市扩张规模与格局因子选取

利用景观格局指数刻画城市扩张不仅能较好反映城市规模变化，而且能反映城市用地斑块形状及斑块与斑块之间空间关系的变化。以安德烈·费罗和杰克·埃亨（Botequilha Leitão and Ahern，2002）提出的10个核心景观指数为基础，从中选取了四个类型水平的景观指数，即斑块密度（PD）、景观形状指数（LSI）、聚集度指数（AI）和总面积（TA），来反映城市扩张格局的特征（见表5.3），这些景观指数间冗余度较低，能有效定量描述城市扩张格局。借助ArcGIS9.3的FISHNET模块分别生成5km×5km和10km×10km的采样格网，并以此为基本单元计算各景观指数。选择这两种大小的格网，相对于更大的格网而言能保留更多的城市扩张格局信息，同时相对于更小的格网而言又能尽量防止噪点（Su et al.，2011）。然后，利用FRAGSTATS 4.2软件计算出所有5个时段的景观指数。

表5.3 景观指数与城市扩张之间的关系

景观指数	与城市扩张的关系	范围
斑块密度（PD）	PD反映城市景观的破碎程度	PD>0，无限制
景观形状指数（LSI）	LSI是描述城市景观复杂度的指数，当城市景观形状不规则或边缘的数量增加时，其值会相应增大	LSI≥1，无限制
聚集度指数（AI）	AI能反映城市景观聚集程度，其值越大表示城市景观分布越紧凑	0≤AI≤100
总面积（TA）	TA是城市土地的总面积，其值越大表示土地城镇化程度越高	0<PD，无限制

5.2.2 城市扩张驱动力因子选取

本研究目的是在不同格网尺度上识别城市扩张的空间驱动因子。然而，GDP、人口密度、领域因素、土地利用政策因素等数据的通常是以行政区为单元进行统计，因而很难基于格网计算。因此，这些因素不在回归模型中加以考虑，主要选择了地形因子和空间临近性因子两大类因子，识别它们在不同尺度上对城市扩张的影响作用。在地形因素方面，选用了坡度和高程两个因子。在空间临近性因素方面，选用了距河流的距离和距道路的距离等因子。考虑到不同等级的道路可能对城市扩张的作用力不同，分别以距不同等级道路的距离作为单独的因子加以研究。每个格网中这些城市扩张的距离因子均通过ArcGIS 9.3平台中的Near工具进行测算，每个格网中城市区域的坡度和高程因子的均值和方差则通过DEM数据计算所得。

5.2.3 空间自回归模型构建

空间自相关是在分析空间数据时常遇到的主要问题。在城市研究中，空间自相关意味着同一变量高值与高值的聚集，而低值与低值的地理空间临近分布

(Páez and Scott, 2004)。这种依赖性与许多空间过程有关，如空间相互作用、交换、转移以及集聚与分散分布等，也可能是由多变量分析中变量的缺失和不可观测的测量误差等导致。Moran's I 是一种常用的度量空间自相关程度的指标，其取值范围为［-1, 1］。取值为1 和 -1 分别表示完全的正空间自相关和完全的负空间自相关，取值为0 表示不存在显著的空间自相关。在本研究中，全局 Moran's I 指数用来描述整个研究时间段内城市扩张格局变化的空间依赖程度。

采用广泛应用的由卢克·安瑟琳（Luc Anselin）提出的空间回归模型（SRM）来确定城市扩张格局变化与有关空间驱动因子之间的关系（Anselin, 1988)。具体而言，运用了两种类型的空间回归模型来探求它们的关系：（1）空间滞后模型，此模型考虑了空间滞后的依耐性；（2）空间误差模型，此模型引入了空间误差的依耐性。

空间滞后模型表示如下：

$$y_i = \lambda \sum w_{ij} y_i + x_i \gamma + u_i + \varepsilon_i \tag{5.1}$$

其中，i 表示空间单元；λ 表示空间回归系数；w_{ij} 是一个空间权重矩阵，该权重用来描述所有空间单元间的空间关联性程度；y_i 是因变量，即 i 单元中的城市扩张格局变化；x_i 是 i 单元中观测参数向量；γ 是解释变量构成的矩阵；ε_i 是观测单元 i 中独立和随机分布的误差项。

空间误差模型表示如下：

$$\sigma_i = \lambda \sum w_{ij} \sigma_i + \varepsilon_i \tag{5.2}$$

$$y_i = \gamma x_i + u_i + \sigma_i \tag{5.3}$$

其中，σ_i 表示空间自相关误差项，λ 表示空间自相关系数。

所有的空间回归运算均基于拉格朗日乘数法诊断，通过 GeoDa 0.9.5-i 软件平台实现。在进行空间自回归分析之前，所有的因变量都已采用极值标准化法进行标准化处理，并已进行相关性检验，排除相关性较大的自变量。

5.3　基于景观格局变化的城市扩张驱动力分析实例

5.3.1　城市扩张格局变化的空间自相关分析

图5.1 反映了所选景观指数在两个不同尺度上的全局 Moran's I 系数。总体

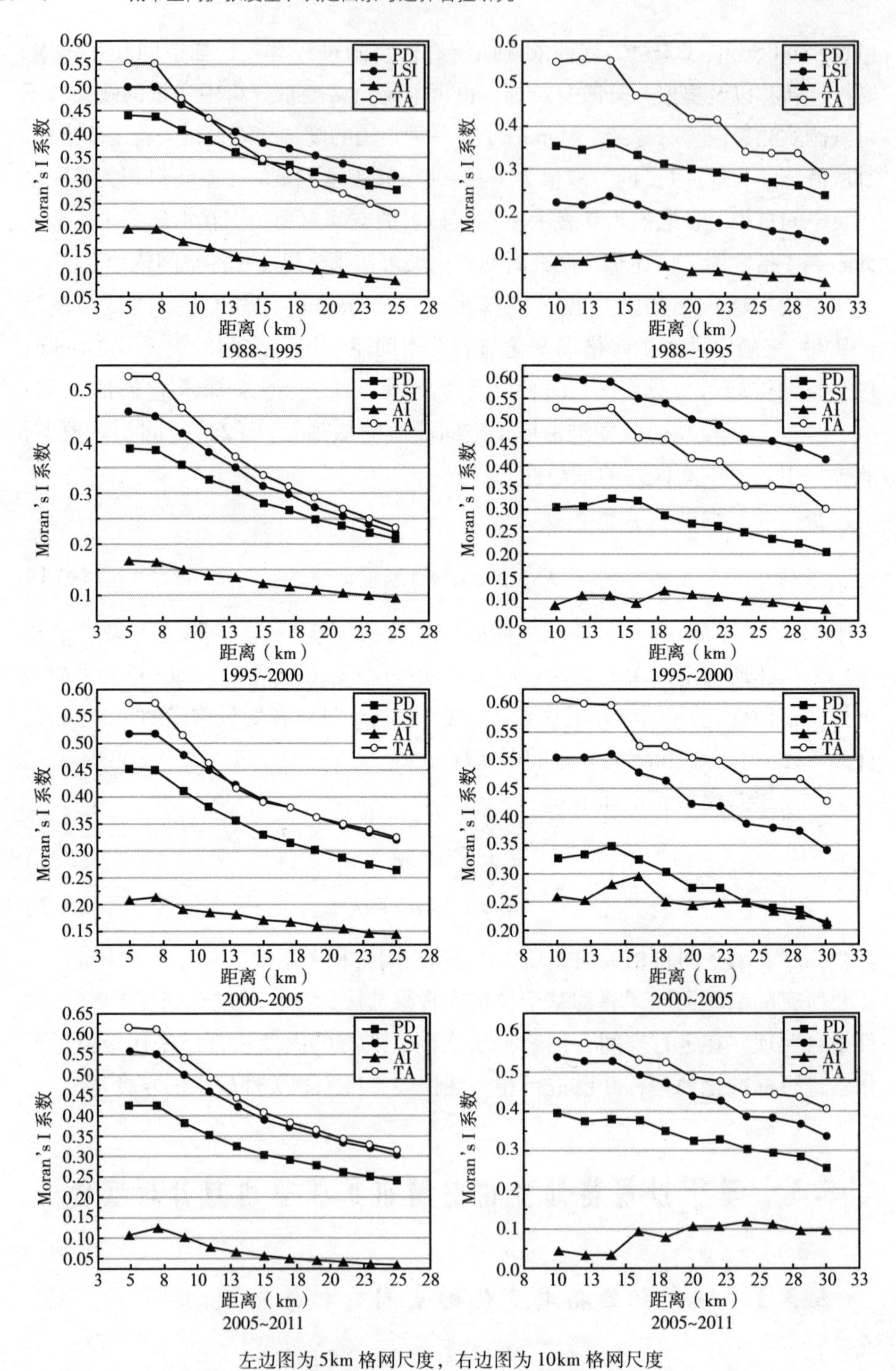

左边图为 5km 格网尺度，右边图为 10km 格网尺度

图 5.1　城市景观指数变化随距离增长的空间自相关系数

而言，它们的值都大于0，表明城市景观变化在整个研究区范围内具有普遍的正向空间自相关。除了2005～2011年在10km格网尺度下的AI指数外，PD、LSI、AI的Moran's I系数均随着滞后距离的增加而减小。这一现象可以用托布勒（Tobler）的地理学第一定律来解释，即事物之间具有普遍的联系，且距离越近联系越紧密（Tobler，1970）。另外，在各时空尺度上，AI的Moran's I数值最低，而TA的Moran's I数值最高。TA的全局Moran's I系数在四个时间段内的两个空间尺度上均高于0.5，且滞后距离最短。同时，在各时间段内，PD和LSI的Moran's I系数在5km格网尺度上的数值明显大于10km格网尺度上的数值。这些结果表明，在分析城市景观变化时考虑空间自相关性和尺度效应十分必要，能为构建空间回归模型从而识别城市扩张的决定因素提供良好的理论基础。

5.3.2　城市扩张驱动因子空间回归结果

通过空间回归得到的城市用地格局变化的空间驱动因子如表5.4和表5.5所示。结果显示，在两个空间尺度上，大多数TA变化、LSI变化和PD变化的R^2值都大于0.45，表明大多数的回归模型都运行较好且所选空间格局指数的变化都能较好地用两个模型解释。但由于在两个空间尺度上AI指数变化的R^2值均小于0.25，表明两个模型对AI指数变化的解释程度较弱。除此之外，空间误差模型考虑了相邻格网间缺失的因变量，因此该模型在两个尺度上都能较好地适用于城市景观指数的回归分析。这说明在不同尺度上，缺失的因变量中可能存在空间自相关性。空间驱动因子和它们的作用随时段和尺度的变化而变化，共同影响武汉城市圈的城市扩张。

5.3.2.1　驱动因子的时间分异

对于选取的9个变量，我们发现它们对城市扩张的作用随研究时段的变化而变化。在5km格网尺度下，TA的变化在1988～1995年受距城市中心距离、距国道距离、距省道距离和距河流距离因素的影响较大，而在接下来的1995～2000年和2000～2005年，TA的变化受距国道距离和距河流距离的影响逐渐消失，同时距县道距离和高程成为新的决定因子，到2005～2011年，距国道距离和距河流距离再次成为主要决定因子，而距城市中心距离和距省道距离的影响不复存在。在四个时间段内，距铁路距离和距高速公路距离均是

表 5.4　5km 格网尺度上城市景观指数变化和空间驱动因子的空间回归参数（n = 2510）

变量	TA				LSI				PD				AI			
	t1[b]	t2[a]	t3[a]	t4[a]	t1[b]	t2[b]	t3[b]	t4[b]	t1[b]	t2[a]	t3[b]	t4[b]	t1[b]	t2[b]	t3[b]	t4[b]
Cons	0.023*	0.008*	0.006*	0.023*	0.398*	0.277*	0.304*	0.323*	0.296*	0.193*	0.337*	0.611	0.220*	0.217*	0.243*	0.214*
Dis_ce	-0.06*	-0.022*	-0.009		-0.127*				-0.012	-0.021*	-0.031	-0.034				
Dis_r					-0.074*	-0.057*	0.031	0.056	-0.020*				-0.228*	-0.089	0.067*	0.080*
Dis_h					-0.056	-0.076*	-0.049*	-0.121*	-0.026*	-0.028*	-0.031	-0.049	-0.230*		-0.039	-0.114*
Dis_C		-0.037*	-0.017*	-0.018	-0.087*	-0.035										
Dis_N	-0.023			-0.017		-0.043	-0.044*	-0.106*			0.029	0.040	-0.244*	-0.145*	-0.037*	0.064*
Dis_P	-0.045*	-0.025			-0.042	-0.045		-0.099*			0.029	0.055*	-0.292*	-0.246*		0.121*
Dis_Ri	-0.027			-0.021*	-0.069*	-0.123*		-0.057	-0.032*	-0.042*			-0.080	-0.207*		
Ele		-0.057	-0.026	-0.045*	-0.148*		-0.076*	-0.096*					-0.264	-0.536*		0.460*
Slope																
W/lam	0.743*	0.685*	0.729*	0.767*	0.605*	0.627*	0.686*	0.757*	0.543	0.633*	0.703*	0.785*	0.242*	0.267*	0.073*	0.246*
R^2	0.53	0.47	0.54	0.60	0.45	0.47	0.47	0.59	0.29	0.44	0.46	0.62	0.20	0.23	0.02	0.17

注：1. t1：1988～1995 年，t2：1995～2000 年，t3：2000～2005 年，t4：2005～2011 年。

2. *表示 $p<0.01$，其余的 $p<0.05$。

3. 缩写全称：用地总面积（TA），景观形状指数（LSI），斑块破碎度（PD），聚集度（AI），常量（Cons），到城市中心的距离（Dis_ce），到铁路的距离（Dis_r），到高速公路的距离（Dis_h），到县道的距离（Dis_C），到国道的距离（Dis_N），到省道的距离（Dis_P），到河流的距离（Dis_Ri），高程（Ele），滞后模型的 Wy 值（W），空间误差模型的 lambda 值（lam），空间滞后模型（a），空间误差模型（b）。

表 5.5 **10km 格网尺度上城市景观指数变化和空间驱动因子的空间回归参数（n = 666）**

变量	TA				LSI				PD				AI			
	t1[b]	t2[b]	t3[a]	t4[b]	t1[b]	t2[b]	t3[b]	t4[b]	t1[a]	t2[b]	t3[b]	t4[b]	t1[b]	t2[a]	t3[a]	t4[b]
Cons	0.041*	0.070*	0.022*	0.092*	0.819*	0.212*	0.300	0.330*	0.256*	0.592*	0.378*	0.631	0.185*	0.145*	0.337*	0.159*
Dis_ce	-0.079	-0.118*	-0.027	-0.068	-0.247*	-0.514*				-0.071						
Dis_r					-0.117											0.078*
Dis_h																-0.096*
Dis_C			-0.036*											-0.094		
Dis_N	-0.049			-0.115*	-0.125*	-0.216*					0.052		-0.162*	-0.069		
Dis_P	-0.087*	-0.106		-0.073	-0.161*	-0.119		-0.145*				0.061	-0.203*	-0.113		
Dis_Ri									-0.037	-0.109*					0.021	
Ele						-0.223*		-0.134					-0.351*	-0.509*		0.327*
Slope																
W/lam	0.724*	0.685*	0.699*	0.681*	0.712*	0.768*	0.705*	0.703*	0.551*	0.642*	0.607*	0.777*	0.189*	0.114	0.136*	
R^2	0.52	0.48	0.56	0.52	0.56	0.61	0.51	0.53	0.33	0.45	0.35	0.63	0.16	0.17	0.03	0.16

注：1. t1：1988～1995 年，t2：1995～2000 年，t3：2000～2005 年，t4：2005～2011 年。

2. * 表示 $p < 0.01$. 其余的 $p < 0.05$。

3. 缩写全称：用地总面积（TA），景观形状指数（LSI），斑块破碎度（PD），聚集度（AI），常量（Cons），到城市中心的距离（Dis_ce），到铁路的距离（Dis_r），到高速公路的距离（Dis_h），到县道的距离（Dis_C），到国道的距离（Dis_N），到省道的距离（Dis_P），到河流的距离（Dis_Ri），高程（Ele），滞后模型的 Wy 值（W），空间误差模型的 lambda 值（lam），空间滞后模型（a），空间误差模型（b）。

影响 LSI 变化的重要因子。PD 的变化则始终受到距城市中心的距离和距高速公路距离的影响。其他空间驱动因子则在不同时间段内对 PD 和 LSI 的变化产生不同的影响。在两个尺度的所用时间段内，都没有观测到坡度对所选景观指数变化的影响。

5.3.2.2 驱动因子的尺度分异

如表 5.4 和表 5.5 所示，影响因素和它们的作用大小在不同尺度上有所不同。当研究格网为 5km 时，距高速公路的距离在各时间段内对 LSI 和 PD 均有较强的影响，但在研究格网为 10km 时，却没有检测到这种作用。这种影响因素随格网尺度增大而消失的现象也同样出现在 1988 ~ 1995 年、2000 ~ 2005 年和 2005 ~ 2011 年三个时间段距河流距离对 LSI 变化的影响以及距城市中心的距离对 PD 的影响方面。1995 年以后，距铁路的距离在 5km 格网上对 LSI 指数具有重要影响，但在 10km 格网上却不是重要的决定因子。此外，在 1988 ~ 2000 年时间段内，距县道的距离是 LSI 变化的决定因子，但在同时间段内 10km 的网格上却没有检测到该因子对 LSI 的显著影响。对于 TA 而言，影响其变化的决定因子也具有尺度差异性。例如，1995 年后，高程在 5km 格网上显著影响 TA 的变化，在 10km 格网上却影响不显著；在 5km 格网上，距县道的距离在 1995 ~ 2000 年、2000 ~ 2005 年、2005 ~ 2011 年三个时间段内都对 TA 有显著影响，但在 10km 格网上，则只在 2000 ~ 2005 年对 TA 有显著影响；在 5km 格网上，距河流的距离在 1988 ~ 1995 年和 2005 ~ 2011 年两个时间段内都对 TA 有负向影响，但在 10km 网格上却没有显著影响。

前人研究表明，自 1978 年改革开放以来，在中国的区域发展过程中，道路网络是控制非城市建设用地向城市建设用地转移的最重要的因素之一（Cheng and Masser，2003；Luo and Wei，2009；Fan et al.，2009）。研究结果表明，不同等级的道路网络对武汉城市圈城市景观变化的不同方面影响不一。距铁路的距离和距高速公路的距离虽对城市用地面积（TA）的变化没有显著影响，但会影响景观的形状（LSI）和斑块密度（PD）。但是，距国道、省道和县道的距离在不同时间段内都可以看作是城市景观面积变化的空间驱动因子。这一结论与之前叶玉瑶等人研究珠三角区域得出的结论有所不同，他们的研究表明高等级的道路对城市扩张面积变化的影响比低等级道路的影响更强（Ye et al.，2013）。这一差异可能是由于武汉城市圈绝大多数的县级和市级城市离铁路和高速公路的距离较远。一方面，铁路和高速公路数量较少，且在建立省域和区域连接往来时扮演着重要角色，而对促进地方发展的作用较小。另外，铁路和公路会产生较大的噪声，也使得其周围的新增城市建设用地较少。另一方面，国道、省道和县道与地方居民的生活联系更为紧密，从而能够吸引更多的城市建设用地的发展。

与以往的研究结论相似，本研究发现距城市中心的距离是城市扩张面积变化的重要空间驱动因子，并与城市扩张呈负相关。这意味着距离城市中心越近的非城市建设用地转变为城市建设用地的可能性越高。由于城市基础设施、就业机会和其他社会经济资源多在大城市中心集聚，距离城市中心较近的区域也更容易获取这些资源。但大城市中心的影响随时间推移正在不断减弱（见表5.4）。这可能是由于武汉城市圈其他城市与武汉市的差距在减小，区域发展逐渐均衡所致。在大城市中心城区居高不下的土地等不动产价格也限制了人们向中心区域的集聚，许多人越来越倾向于选择二三线城市或小镇谋取发展。

水域能通过多种方式影响景观格局，特别是通过吸引人类定居的方式（Volker et al.，2000；Riera et al.，2001）。居住密度与水体的分布密切相关，因为森林、农田等自然资源常常与水域相伴，而且水系能提供巨大的生态系统服务。然而，在本研究中河流仅仅在1988～1995年和2005～2011年两个时间段内对武汉城市圈城市扩张产生了显著影响。这很可能是由于道路网络等其他因子表现出了更大的优势。在中国，城市的经济发展和建设高度依赖运输业，因此城市扩张主要发生在交通要素沿线而很少沿水文网络发展（Shu et al.，2014）。

坡度因子在两个尺度上没有表现出对武汉城市圈城市扩张的显著影响。这可以归因于建筑技术的进步，弥补了陡坡区域对城市建设的不利影响。但是，高程因子与城市面积和形状的变化则呈现了较显著负相关。实际上，城市发展尤其是运输业发展的成本在高程较高的区域往往要高于高程低的区域。而且，目前在中国的中部城市的低海拔区域，仍有相当数量的后备土地资源可用于城市开发建设。因此，在过去的20多年中高程对城市扩张的影响仍较为显著。

在本研究中，我们发现不同的临近性因素会随研究时段的变化产生对城市景观不同的影响。之前的研究强调道路网络对中国城市扩张的重要性，因此，地方政府应该因地制宜制定具有差异性和针对性的科学的路网规划。政府可以通过评价不同等级道路对城市扩张的影响来指导区域道路建设。过去20多年武汉城市圈高度破碎化和不规则化的城市扩张格局已对生态系统造成了威胁。因此，政府在控制城市扩张总面积的同时也要制定合理的规划降低城市景观的破碎度。

第6章　基于博弈论与元胞自动机的城市增长弹性边界模拟

6.1　基于城市土地开发主体间动态博弈的 ABM-CA 模型

城市化是许多城市研究者共同关注的话题。城市化过程通常伴随着大量的农村人口向城市转移和史无前例的大规模且快速的城市扩张，是21世纪城市化国家和区域尤其是发展中国家面临的重要议题（Sui and Zeng，2001；Seto and Fragkias，2005；Deng et al.，2009；Tian et al.，2011；Wu and Zhang，2012）。从1978年实行改革开放以来，中国城镇化迅速发展，经济突飞猛进，随之而来的是大量的开放用地和农用地被城市建设开发利用（Su et al.，2011；Chen et al.，2013）。据联合国有关预测，到2050年中国的城镇人口将突破10亿人（United Nations，The Population Division of the Department of Economic and Social Affairs at the United Nations），城市发展对土地的需求也将随之攀升，农用地保护也将成为重要的问题。中国的经济增长很大程度上受益于土地开发。但由于政府对经济效益的极度重视和土地利用政策监管不严等原因，城市蔓延现象很难得到控制。城市化过程出现的不均衡的土地利用结构和土地资源日益短缺等问题得到了政府和世界学者的广泛重视。一方面，无限制和无序的城市扩张侵占了大量耕地，进而加重了粮食安全隐患；另一方面，不透水地面的增加也会对生态环境产生威胁，而人类却还未完全认识到这一威胁的严重性（Johnson，2001）。因此，对未来城市土地需求和城市扩张的空间格局进行精确预测和模拟，量化景观动态演变格局，对土地利用规划和区域可持续策略制定具有重要意义。

城市扩张模拟能为预测城市建设用地空间变化、土地利用规划及区域可持续发展政策制定提供强有力的工具。在众多城市扩张模拟模型中，元胞自动机因其灵活性、易操作性及自组织性已被学术界作为城市扩张模拟最基本及最重要的工具。城市用地转换是拥有不同策略及利益倾向的主体群组间博弈的结果，那么城市用地的转换并不能由单一的主体群组来决定。博弈论能寻求在不同策略及利益冲突下博弈各方达到均衡的过程及结果。因此，利用博弈论解决城市用地开发中各方利益冲突的问题，能较好地窥探现实世界中不同利益群体在城市用地转换过程中的博弈过程及结果。本章试图将元胞自动机和多主体相结合，以期能提高现有城市扩张模拟的精度。一方面，决定一个元胞的状态转换规则由它的邻域作用与一系列距离变量决定；另一方面，代表着现实世界不同群体的多个主体相互作用、相互联系共同对所有元胞的转换状态进行选择。所有的空间解释变量及人的决策行为都被纳入城市扩张的模型之中。

以往许多关于城市扩张的研究多集中在长江三角洲区域和珠江三角洲区域，对中国中部地区的典型案例研究较少。武汉市作为湖北省省会、中国中部最大城市和最大的政治、经济、文化中心，针对其城市扩张格局的系统研究还十分有限。因此，将选择武汉市作为研究区域。虽然 20 世纪 70 年代末 80 年代初兴起的市场化改革带来了快速的经济发展，但由于政治、历史、80 年代和 90 年代的经济政策和地理位置等原因，武汉的发展一直落后于许多沿海城市，城市扩张速度也相对缓慢。直至 2009 年中央发出促进中部崛起计划，武汉得到了中央政府更多的支持，并吸引了更多来自全世界的投资，武汉的经济才真正进入快速发展阶段。为了使模拟更合理同时更贴近真实社会中人类和自然系统的行为，本章建立了基于多主体—元胞的博弈论模型，且将武汉市中心城区未来的城市扩张作为研究案例来完成这一模拟目标。

6.1.1 基于逻辑回归的元胞自动机

在纯 CA 模型中，元胞的下一状态由它之前的状态及它周围的邻域元胞及一系列转换规则决定（White et al.，1997）。决定一个元胞是否从当前状态（非城市用地）转换为城市用地的规则可以定义为（White et al.，1997；White and Engelen，2000）：

$$L_{ij}^{t} = (p_l)_{ij} \times (p_{\cap})_{ij} \times con \times p_r \tag{6.1}$$

其中，$(p_l)_{ij}$ 为转换概率；$(p_{\cap})_{ij}$ 为由邻域决定的转换概率；con 为限制性因素决定的转换概率；p_r 为随机的未知变量决定的转换概率。

接近城市中心，道路、桥梁及河流等基础设施的距离通常被用于选为决定元胞转换概率的空间变量（Han et al. , 2009；Luo and Wei, 2009；Feng et al. , 2011）。在本研究中，这些空间变量（见表6.1）的系数都通过逻辑回归获得（Wu, 2002）：

$$(p_l)_{ij} = \frac{1}{1 + exp\left[-\left(a_0 + \sum_{i=1}^{n} a_x d_x\right)\right]} \tag{6.2}$$

其中，a_0为常量；a_x（$x=1, 2, 3, \cdots, n$）为逻辑回归中空间变量的系数；d_x为空间变量及高程。

表6.1　　元胞自动机中的空间变量

变量名称	变量	类型
Y	样本点 cell（ij）在两个时期的状态（是否发生非城市用地向城市用地转换）	因变量、二元变量，0 表示未发生变化，1 表示发生变化
$d_{citycenter}$	cell（ij）到城市中心的距离	空间和连续性变量
$d_{subcenter}$	cell（ij）到次城市中心的距离	空间和连续性变量
$d_{majoroad}$	cell（ij）到主干道的距离	空间和连续性变量
d_{bridge}	cell（ij）到主要桥梁的距离	空间和连续性变量
$d_{yangtzeR}$	cell（ij）到河流的距离	空间和连续性变量

Von Neumann 邻域和 Moore 邻域是元胞自动机中常用的邻域。然而，较大的邻域在城市模拟中往往效果较好（White and Engelen, 2000）。本研究中，我们选取 3×3 邻域来计算元胞的邻域作用。由邻域决定转换概率（$(p_\cap)_{ij}$）可以表示为：

$$(p_\cap)_{ij} = \frac{s}{3 \times 3 - 1} \tag{6.3}$$

其中，s 是 3×3 邻域中元胞中的总个数。

由未知变量决定的转换概率通常可以表示为（White et al. , 1997）：

$$p_r = 1 + (-ln\gamma)^{\theta} \tag{6.4}$$

其中，γ($0 < \gamma < 1$）为未知的随机变量，θ 为可以调整的未知变量的参数。

决定元胞是否最终转换由阈值P_t[0, 1] 决定：

$$Cell_{i,j} = \begin{cases} non\_urban, if\ L_{ij}^{t} < P_{t} \\ urban, if\ L_{ij}^{t} \geq P_{t} \end{cases} \quad (6.5)$$

如果 L_{ij}^{t} 大于等于 P_{t}，当前元胞转换为城市用地；反之，当前元胞的状态保持不变，仍为非农业用地。转换概率的阈值可以从历史城市用地扩张增长率来获得。

6.1.2 基于主体间动态博弈的 GTABM 模型

主体间动态博弈模型（Game-theory based agent model，GTABM）包含三个主体：土地拥有者、土地开发者和政府。在博弈论中，这些主体可以看作为博弈者和游戏决策者。对于每个非城市用地元胞，这些不同博弈者会因各自对其不同的利益需求而在其城市化的过程中产生不同的博弈策略。每个博弈者根据自己的选择作出不同的行动。然而对于每个非城市用地元胞是否转换为城市用地的最终决定由所有博弈者共同的选择来确定。通常，博弈包含五种最基本的元素：博弈者、策略、结果、支付效用及解决方案（张维迎，2004）。一个博弈通常可以有三种不同的表现形式：战略式、特点式和扩展式。战略是博弈者在给定信息集的情况下的行动规则，它规定博弈者在何时行动及如何行动。结果是博弈者选定一组策略后的博弈游戏的最终状态。支付是博弈者在一个特定的战略组合下所获得效用水平或者所得到的期望水平。在实际博弈中，支付效用可以通过期望效用函数来计算获得。通常，所有的参与者并不能在同一战略组合、同一博弈结果中获得各自的绝对最大支付效用。因此，如何找出博弈游戏中对应的各博弈者的相对最大支付效用的战略组合是博弈论中要解决的核心问题。而这种对应相对最大支付效用的重复剔除严格劣战略过程中不能被剔除的战略组合即为纳什均衡（张维迎，2004）。然而一个完美信息动态博弈通常具有多个纳什均衡。而构成子博弈纳什均衡的战略不仅在均衡路径的决策结上是最优的，而且在非均衡路径上的决策结上是最优的。因此子博弈精炼纳什均衡才是完美信息动态博弈中的最强解。子博弈精炼纳什均衡通常通过逆向归纳法求解获得。在本章中，我们构建一个基于完美信息动态博弈的扩展式模型来模拟决定武汉市城市土地开发过程的三种主体群组的决策过程。有关土地开发决策的完美信息动态博弈模型的结构、博弈树及求解过程将在接下来的段落中详细阐述。

1. 博弈策略

首先我们定义城市用地开发中所有主体各种可能的开发策略。在当前的中国土地制度环境下，在城市化进程中通常有三种可供选择的土地开发方案（吴智刚和周素红，2006）。

方案1：村集体与土地开发公司之间的联合开发模式。在此种开发方案中，土地开发公司与村集体之间签订协议，允许土地开发公司从每个村民手中获得非城市用地的使用权并从政府手中获得相应的开发资质。土地开发公司可将已获得的非城市用地的使用权及开发权转卖给其他开发公司或者自己开发相应的非城市用地。此种开发模式并没有改变非城市用地的农民集体所有权。

方案2：村集体小组主导的开发模式。在此种开发模式中，权利是离心化的，属于各村民的独立非城市用地将由村集体小组联合起来。村集体小组制订详细的开发方案并成立相关的开发机构去实施相关的开发方案。当相关开发方案得到政府的允许之后，村民集体小组开始联合开发相关非城市用地，并将其承租给开发商。在此种开发模式中，政府仅充当服务者的角色，为相关土地开发提供政策服务而并不参与到土地实际开发中来。因此，在方案1和方案2中，政府并不从中获取经济利益。

方案3：由政府主导的开发模式。在该种开发模式中，政府从农民手中征收非城市用地，并用于成立开发区。当政府从农民手中获得土地之后，开始开发非城市用地并建立基础设施，然后通过“招、拍、挂”的方式卖给开发商。此种开发模式会导致土地所有权的变更。

2. 博弈者

根据不同非城市用地开发模式的界定可以确定博弈中的参与者，即主体中的主体者：（1）政府（GM）；（2）土地开发商（LD）；（3）土地拥有者（使用权拥有者LO）。在现实世界中，城市土地开发所涉及的因素纷繁复杂，相关利益涉及者众多。而在此模型中，我们仅仅考虑了以上三种土地开发中所涉及的主体是因为：一方面为了简化模型，使其具有可操作性；另一方面政府、农民和开发商在城市土地开发过程中本身就是最直接和最重要的利益相关者。除此之外我们未将主体进行更狭义的定义（如政府可进一步细分为乡镇级、区县级、地市级及省级政府），但这并不影响模型最终的博弈结果，因为不同级别的政府，不同类型的村民，以及不同类型的开发商自身之间，他们的共同利益目标具有相似性。因此，本章定义的主体是一种宽泛的主体。

3. 支付效用

为了计算每块非城市用地转换为城市用地所对应的各主体的支付效用，根据三种主体群组的各自不同偏好建立了相应的指标体系。对于政府主体和土地拥有者主体，在土地开发中，往往有多种利益目标诉求。在本研究中，这些不同的利益诉求分别用不同的指标来表示。对于不同利益目标的偏好，用一系列利益权重来表示（见表6.2）。

表6.2　主体不同利益偏好的权重

博弈者	支付效用	权重	变量
政府（GM）	U_g	w_1	是否符合规划（x_1）
		w_2	与土地使用者发生征地冲突的风险（x_2）
		w_3	从土地交易中得到的经济利益（x_3）
土地开发商（LD）	U_{LD}	—	从土地交易中得到的经济利益（y）
土地使用者（LO）	U_{LO}	w_4	与政府发生征地冲突风险（z_1）
		w_5	从土地交易中得到的经济利益（z_2）

（1）政府主体的支付效用。各种类型、各种级别的土地利用规划是中央政府和地方政府控制和合理分配土地资源最重要、最直接的工具。在土地利用规划中，政府通过划定不同类型的控制区来对土地进行用途管制，如基本农田保护区（PFPz），一般农地区（OAz），允许建设区（CEPz），有条件建设区（CCEz）和禁止建设区（CERz）。非城市用地向城市用地的转换一般控制在允许建设区、有条件建设区和一般农地区。为了计算用地转换是否符合规划所带来的支付效用 x_1，采用专家打分法来确定其最后的分值。x_1 的取值范围为［-10，10］，满分10分意味着非城市用地向城市用地转换都在允许的控制区内进行，完全符合规划。相反，-10分意味着用地转换完全在禁止建设的控制区范围之内（见表6.3）。

表6.3　　专家打分法所确定的用地转换是否符合规划程度的分值

土地利用转换是否发生	土地利用转换发生的土地用途分区	相应分值（x_1）
发生变化	In PFPz	（-10，0）
	In OAz	（1，7）
	In CEPz	（1，10）
	In CCEz	（1，5）
	In CERz	（-10，0）
不发生变化	—	（0，3）

除了考虑规划目标之外，还考虑了政府征地过程中可能与土地拥有者发生冲突所带来的负面影响。为了量化这种影响带来的支付效用 x_2，根据过去3年中每个村所发生征地冲突的概率来计算征地风险的支付效用。首先通过累计武汉市过去3年中每个村发生征地冲突的次数，然后以每个村发生冲突的次数与武汉市发生冲突的总次数之比来确定未来各村发生征地冲突的可能，即：

$$p_i = \begin{cases} s_i / \sum_{i=1}^{n} s_i, & \text{如果政府想从农民手中征地,但农民却不愿意} \\ 0, & \text{其他情况} \end{cases} \tag{6.6}$$

式（6.6）中，s_i为第 i 个行政村有权属主体的地块总数量；n 为武汉市中心城区所有行政村有权属主体的地块总数量。

另外，政府主体在土地转换中获取的经济效用 x_3采用下式表示：

$$G_{profit} = \begin{cases} C_{price} - Z_{price}, & \text{如果政府从农民手中征地且将其卖给了开发商} \\ 0, & \text{其他情况} \end{cases} \tag{6.7}$$

式（6.7）中，C_{price} 为政府将所征收的土地卖给开发商的出让价格，Z_{price} 为政府从农民手中征地所支付的征地价格。

因 x_1、x_2、x_3为不同量纲因子，因此需要将其标准化到一个可比的空间。为了便于比较，本章采用下式将 x_2、x_3量化到［1，10］：

$$x_2 = \begin{cases} -\left[\left(\dfrac{p_i - p_{min}}{p_{max} - p_{min}}\right) \times 9 + 1\right], & \text{如果政府想从农民手中征地,但农民却不愿意} \\ 0, & \text{其他情况} \end{cases} \tag{6.8}$$

$$x_3 = \begin{cases} \left(\dfrac{G_{profit} - G_{profit_{min}}}{G_{profit_{max}} - G_{profit_{min}}}\right) \times 9 + 1, & \text{政府从农民手中征地,且将其卖给了开发商} \\ -\left[\left(\dfrac{Z_{price} - Z_{price_{min}}}{Z_{proice_{max}} - Z_{price_{min}}}\right) \times 9 + 1\right], & \text{政府从农民手中征地,但并未将其卖给开发商} \\ 0, & \text{其他情况} \end{cases} \tag{6.9}$$

因此，政府主体的最终效用可以表示为：

$$U_g = w_1 x_1 + w_2 x_2 + w_3 x_3 \tag{6.10}$$

（2）开发商主体的支付效用。房产开发商是以追逐利益最大化为取向的选择房产开发位置，选择的位置既要在服从政府规划的前提下满足居民的喜好，又要保证自己的利益最大化。本研究中，用房价、地价和开发成本来计算房产开发商的利益（Li and Liu，2007）：

$$D^t_{profit} = H^t_{price} - L^t_{proice} - D^t_{cost} \tag{6.11}$$

式中，D^t_{profit} 为房产开发的投资利益；H^t_{price} 为当地的房价；L^t_{proice} 当地的地价；D^t_{cost} 为房产开发的成本。因为房产开发商可以自己独立开发非城市用地，也可以与村集体联合开发，采用联合开发系数 v 确定房产开发商与村集体之间的利润分配：

$$D^{final}_{profit} = D^{initial}_{profit} \times v, v = \begin{cases} v_1, \text{如果开发商与农民联合开发} \\ v_2, \text{如果开发商从农民手中买地} \\ 1, \text{如果开发商从政府手中买地} \\ 0, \text{其他情况} \end{cases} \tag{6.12}$$

因此，房产开发商最终的支付效用可以表示为：

$$U_{LD} = y = \left(\frac{D^{final}_{profit} - D^{final}_{profit\_min}}{D^{final}_{profit\_max} - D^{final}_{profit\_min}}\right) \times 9 + 1 \tag{6.13}$$

（3）土地拥有者的支付效用。土地拥有者的支付效用由土地开发征地中可能与政府产生的风险及从土地开发中获取的经济利益构成。农民与政府潜在的征地冲突会降低农民的支付效用。这种潜在的风险发生在政府想从农民手中征地，而农民拒绝征地，抵制征地。因此，土地拥有者通常所面临征地风险的概率等于政府所面临的征地风险的概率。农民面临的征地风险所带来的支付效用 z_1 可以表示为：

$$z_1 = \begin{cases} x_2, \text{如果政府想从农民手中征地,但农民却不愿意} \\ 0, \text{其他情况} \end{cases} \tag{6.14}$$

农民的经济利益所带来的支付效用取决于农民对非城市土地利用的交易方式。如果农民决定将土地卖给政府，那么农民将会从政府手中获得征地补偿收入。如果农民决定将土地卖给开发商，那么农民直接从开发商手中获取卖地收入。如果农民选择将土地交由村集体小组与开发商联合开发，那么农民将从联合开发中获取收入分配。因此由经济利益所带给土地拥有者的支付效用可以表示为：

$$z_2 = \begin{cases} \left(\dfrac{Z_{price} - Z_{price\_min}}{Z_{price\_max} - Z_{price\_min}}\right) \times 9 + 1, & \text{如果农民将土地卖给政府} \\ U_{LD}(v = 1 - v_1), & \text{如果农民与开发商联合开发} \\ U_{LD}(v = 1 - v_2), & \text{如果农民将土地卖给开发商} \\ 0, & \text{其他情况} \end{cases} \tag{6.15}$$

因此，农民的支付效用可以表示为：

$$U_{LO} = w_4 z_1 + w_5 z_2 \tag{6.16}$$

4. 博弈树的构建

因为有关土地价格，土地利用规划及土地交易流程等信息都是对公众开放的，因此可以假定本章的博弈模型中所有博弈者对其他博弈者的行动选择有准确的了解，即该博弈模型是具有完美信息集的博弈模型。与此同时，我们假定所有博弈参与者都是理性的。根据博弈策略，构造如图6.1所示的博弈树结构。因为考虑到土地利用转换在中国都是由各级政府通过自上而下的土地利用规划及相应政策严格控制的，因此，政府主体在土地利用规划及政策制定和城市土地利用开发过程中起着相对重要的作用。在此种背景下，本模型认为当博弈开始时，政府主体将会第一个作出行动，即假定该博弈模型是动态的。首先，政府可以选择服务模式（对应于方案1和方案2）或者征地模式（对应于方案3）。根据政府的策略信息集，政府主体在博弈开始之后可以有三种选择：从农民手中征地，仅仅为农民卖地提供服务，或者什么都不做。然后根据政府作出的选择，农民和开发商可以据此作出自己的决定。例如，如果政府选择从农民手中征地，那么农民可以选择卖地或者是不卖地。如果农民不卖地，博弈在此结束。如果农民决定将土地卖给政府，在此种情况下，政府又可根据农民的选择作出下一步选择：是否将从农民手中买入的土地卖给开发商。在此，开发商可以根据政府的行动来决定自己的选择。开发商可以买入土地进行开发或者不买土地。与以上相似，其他的路径都可以根据主体行动的先后顺序构建完成。主体不同的决定会产生不同的路径及结点，从而导致各自不同的支付效用。在博弈的每一步，一个理性的主体总是会根据当前条件作出使自己支付效用最大化的选择。然而，所有博弈者的最大支付效用往往不是由同一个博弈结果产生的。例如，政府主体支付效用最大的博弈结果可能会导致农民支付效用最小。

本章采用逆向归纳法求取该动态博弈模型的子博弈精炼纳什均衡，子博弈精炼纳什均衡意味着所有参与人都没有激励机制去抵制纳什均衡中的战略选择。在该模型中，子博弈精炼纳什均衡决定着一个非城市用地元胞最终是否转换为城市用地。例如，假定对于一个元胞有如图6.1的三种支付效用结构。在方案1和方案3中，在博弈的最后一阶段，开发商会选择从政府手中买入非城市用地并将其开发，因为开发商的这一选择在此阶段将会为他带来最大的支付效用（支付效用为7）。在博弈第三阶段中，政府知道开发商会选择买地（如果政府选择卖地）。当然开发商也可能不买地，但一个理性的开发商理论上并不会做此选择，因为如果在最后阶段开发商不买地将会获取更低的支付效用（情景1中的－2和0，情景3中的0和1.49）。在此种策略下，政府会选择将征收的土地卖给开发商，因为将土地卖给开发商比不卖给开发商显然要让政府获取更大的支付效用（情景1中的9和－2，情景3中的9和1.49）。在方案1中，在博弈第2阶段，农民将会选择将土地卖给政府，因为相比于其他选择，将土地卖给政府会使农民获取更高的支付效用。在博弈第1阶段，政府知道，如果进入第2阶段，农民将会选择将土地卖给政府，而政府在第1阶段将会选择从农民手中征收土地，因为选择其他方案，政府将不会获取最高的支付效用。因此，在方案1中，最后的博弈结果是政府从农民手中征地卖给开发商，开发商开发非城市用地。然而在方案3中的第2阶段，农民知道如果他们选择将土地卖给政府，那么政府会将土地卖给开发商，那么农民仅仅会得到1.51的支付效用。此种选择所带来的支付效用要小

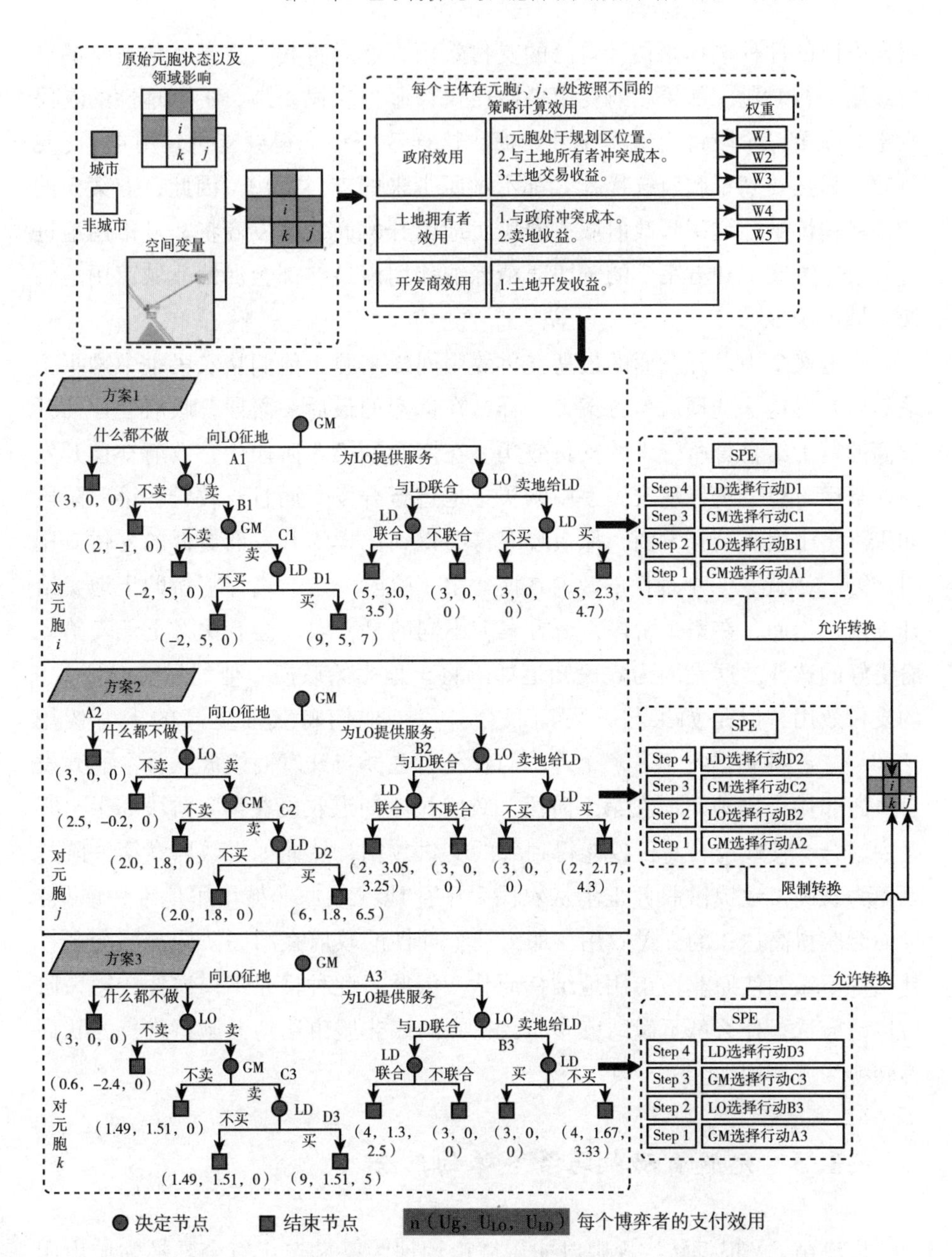

图 6.1　主体间动态博弈树及 CA 与主体博弈模型结合流程

于他们将土地卖给开发商开发所带来的支付效用（1.67）。因此，在方案 3 中的第 2 阶段，农民将会选择将土地卖给开发商。在方案 3 中的博弈第 1 阶段，政府显然知道进入博弈第 2 阶段后农民的此种选择。在此阶段，政府会根据农民的此种选择来估计自己的支付效用，然后将其与选择其他策略的支付效用进行对比。如果政府在第一阶段仅仅服务农民卖地，一个理性的农民肯定会在第二阶段将土地卖于开发商，这样政府将会得到支付效用4。此支付效用显然要高于政府选择什么都不做所带来的支付效用。因此，方案3的子博弈精炼纳什均衡是政府服务农民卖地给开发商，开发商将非城市用地进行开发。方案1和方案3的子博弈精炼纳什均衡最终都会促使非城市用地转换为城市用地。

在方案2中，开发商的最高支付效用同样来源于他们从农民手中购买土地然后开发这一选择。与方案1一样，在博弈的最后一阶段，政府会评估开发商的行为给自身所带来的支付效用。在博弈的第3阶段中，政府知道开发商在最后阶段会选择从农民手中购买土地进行开发。而且，政府在第三阶段如果不将土地卖给开发商，那么政府将会得到比卖给开发商更低的支付效用(1.49)。因此，一个理性的政府在博弈第3阶段一定会选择将所购土地卖给开发商。然而，在第2阶段，与方案1不同的是，农民会有比将土地卖给政府更好的选择。这是因为农民知道如果将土地卖给政府，他们只能得到1.8的支付效用，但是如果与开发商联合开发，他们将获取更高的支付效用(3.05)。在此种情况下，一个理性的农民会选择与开发商组成联合企业开发自身的非城市用地。而在第1阶段，政府显然知道农民在第2阶段如果与开发商联合会使政府自身仅仅能得到2的支付效用，然而如果政府在第一阶段既不为农民卖地提供服务也不从农民手中征地（使原非城市用地维持原状）反而能获得高达3的支付效用，那么一个理性的政府在第一阶段显然会选择什么都不做而使原非城市用地维持原状。因此，此种情景下，博弈在第一阶段以政府选择什么都不做结束。那么相应的该非城市用地元胞将维持原状而不转换为城市用地。

6.1.3 元胞自动机与多主体的结合

模型由CA根据转换规则以初始城市用地为基础选出符合转换为城市用地的非城市元胞。这些非城市元胞通过主体动态博弈模型进行检验。本模型假定每一个在CA中已被允许转换的30m×30m的非城市用地元胞上都包含以上3种主体群组。每一种主体在CA每一次迭代之后计算每种策略的支付效用。模型由此生成最终博弈结果。对于每次在CA迭代中被允许转换为城市用地的元胞，如果主体间博弈的最终结果不为开发商最终开发用地，那么这些已经在CA中被允许的元胞也不能最终转换为城市用地。否则所有的在CA中被允许转换的元胞将最终转换为城市用地。模型的流程和界面分别见图6.1和图6.2。

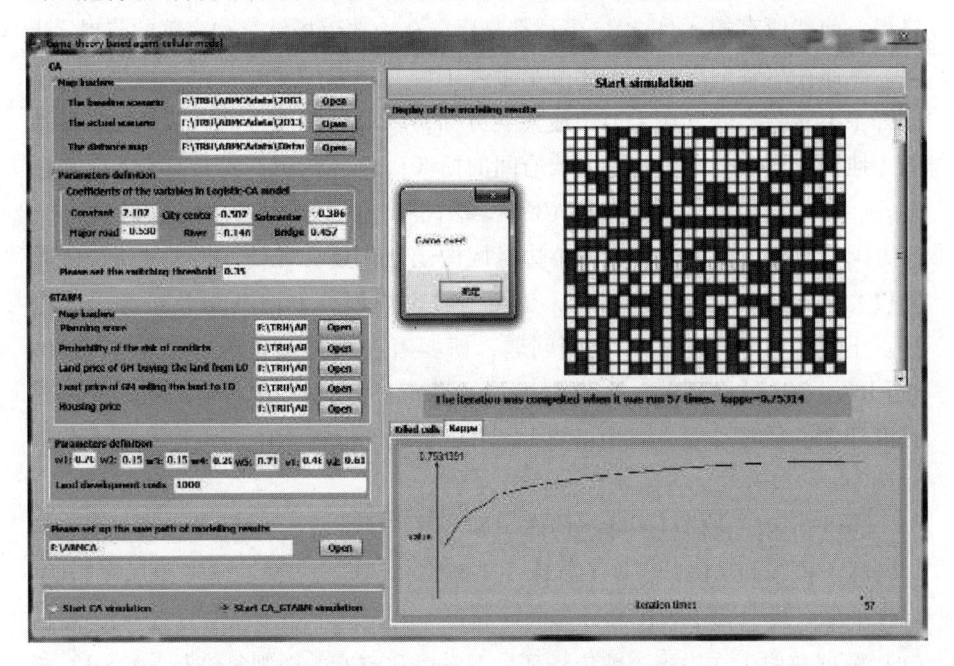

图6.2　元胞自动机与多主体复合模型模拟界面

6.2　基于城市土地开发主体间静态博弈的SCGABM模型

在城市扩张模拟中，不同的主体可以代表不同的博弈者，如政府、农民、居民、土地开发商等。这些主体在土地开发问题上都有自己的立场、目的和偏好，他们之间也会相互交流。一个具体地块的土地利用转变不能由一种类型的主体决定，而是由多类主体复杂的群体决策决定的。然而，许多的ABMs不能同时获取详细的空间开发格局和主体行为的微观经济基础（Magliocca et al.，2011）。唐·卡桑德拉·帕克（Dawn Cassandra Parker，2008）和塔蒂安娜·菲拉托娃（Tatiana Filatova，2009）建立了一个模拟土地市场（LMs）的ABM框架，其中包括买家和卖家间的相互交流以及价格机制。他们指出，现实中的土地市场具有异质性和非平衡动态性的独特特征，而且其参与者通常既具有市场交流行为也具有非市场交流行为。借鉴之前关于 ABM LM 的研究，尼古拉斯·玛格利奥卡等（Nicholas Magliocca et al.，2011）结合房屋和土地市场，提供了一种空间离散的经济 ABM 模型用于模拟开发密度格局。前述所有的 ABM LMs 模型都是建立在土地市场健全和完善的前提之上的。然而，尽管中国的市场化改革带来了巨大的经济变化，但土地市场还存在许多不完善之处。在土地用途转变方面，政府仍然发挥着主导作用。中国的土地征收通常是农民和各级政府间的博弈，而博弈者们常常具有不一致的偏好。与帕克和玛格利奥卡的 ABM 模型不同，由于中国的土地所有权主体与西方国家有较大的差异，大城市边缘区的土地市场往往受政府的主导。政府不仅关注土地开发的经济目标，也会为城市规划、土地利用政策等设定目标。土地征收的矛盾是多准则问题，博弈者在做决定时会相互影响（Hui and Bao，2013）。因此，在探索中国的城市扩张情况时，应该基于实际情况设计新的模型。目前已有一些用 ABM 从理论上探索中国土地利用变化的案例。

通过利用完全信息的静态博弈规则，我们建立了一个可以模拟武汉市边缘区城市扩张的 ABM 模型（简称 SCGABM）。这一模型不仅考虑居民行为，也将土地开发过程中农民和政府的博弈行为纳入其中。该模型具有一些特性：（1）模型获取了在中国当前市场环境下农民和政府的微观经济行为；（2）模型中主体的兴趣是多样的；（3）模型考虑了居民的住房选址行为；（4）所有规则所产生的结果最终都能将其空间可视化。本章就如何利用基于博弈论的经济模型解释快速城市化区域城市扩张格局（如何在土地利用变化方面做综合决策）进行了探讨。

6.2.1 政府和农民间的静态博弈

SCGABM 主要有两部分，即政府和农民间基于完全信息的静态博弈模型和与居民相关的住房选择模型。SCGABM 模型通过政府和农民间静态博弈模型选出城市扩张候选区，居民住宅选择模型根据居民对住宅用地的选取规则，对候选区域是否被转化为城市建设用地做最终的决定（见图 6.3）。在静态博弈模型之中，土地征收是政府提高收入最重要的途径之一，在此过程中，政府和农民是主要的参与者（Hui and Bao，2013；Ding，2007）。地方政府总是希望以最低成本和最快捷的方式征收农民的土地，而农民则会竭尽全力保护他们的权利以使利益最大化。因此，在同一策略下双方各自的利益都无法达到最大化的时候，就会产生矛盾。在城市土地开发中，政府和农民根据不同的环境信息和博弈对方的相关信息及行动策略作出不同选择的过程便形成了土地征收过程中政府和农民的博弈。在该模型中假设博弈双方对不同策略下各自的土地收益都是互相了解的（即双方间的博弈是基于完全信息的），而且双方是同时作出行动的（即博弈是静态的）。

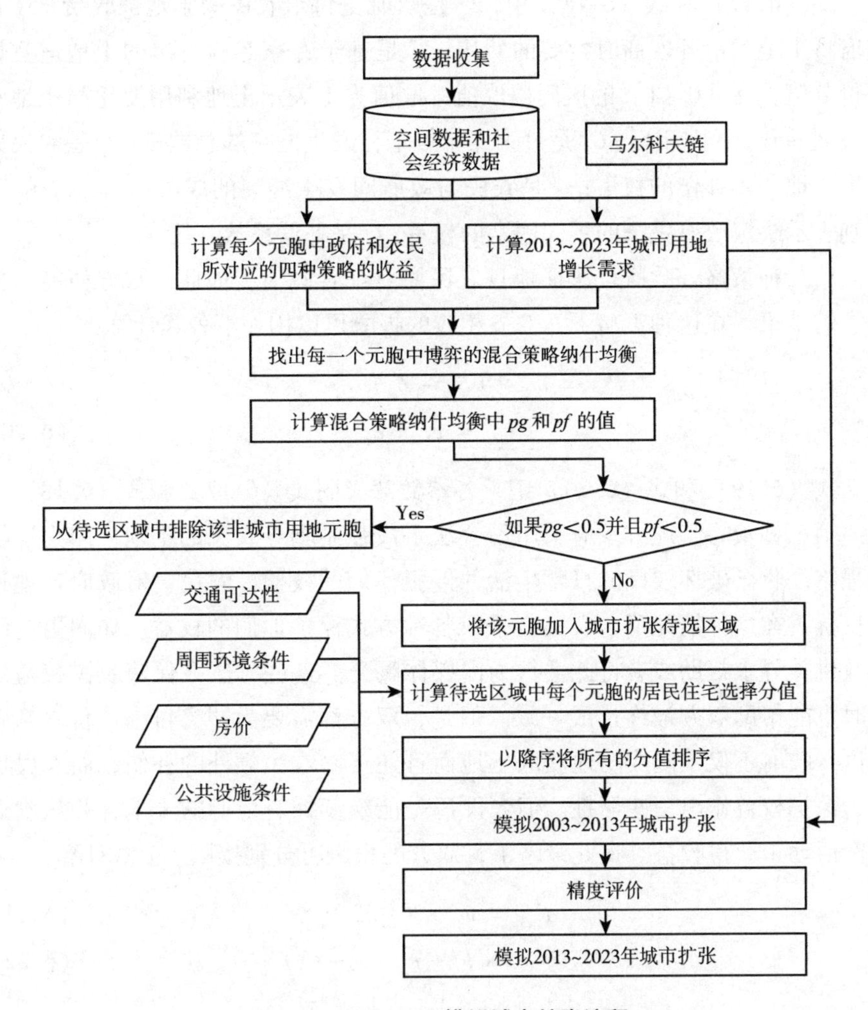

图 6.3　SCGABM 模拟城市扩张流程

在土地征收博弈中，政府和农民通常出现如下四种策略：

第一种策略，政府合法征地，但由于补偿较低农民会进行抵抗。这种情况下，政府可能会通过行政权力取得土地，造成土地冲突。最终，农民要为冲突成本付出代价，而政府则在支付冲突成本后获得土地。假设政府的所有报酬为 P_g，农民的所有回报为 P_f，那么，政府和农民各自的总报酬计算如下：

$$P_{g1} = w_1 \times (S_p - f_1 \times Z_p) + w_2 \times L_s + w_3 \times (-C_r) \tag{6.17}$$

$$P_{f1} = v_1 \times f_1 \times Z_p + v_2 \times (-C_r) \tag{6.18}$$

式（6.17）和式（6.18）中，Z_p 是政府支付给农民的土地征收费；S_p 是政府将土地卖给开发商时索要的费用；L_s 是基于专家经验得出的土地适宜性评价分值，在［0，1］的区间内取值，取值为 1 表示土地利用变化与土地利用规划一致，0 则相反；C_r 是过去三年每个村发生冲突的总数量；v_1 是农民因失去土地所得补偿的权重；v_2 是农民与政府间发生冲突的成本；w_1，w_2 和 w_3 分别表示决定政府报酬的不同因素的权重；f_1 是补偿系数。

第二种策略，政府合法征地且农民愿意配合政府。如此，双方便能达成满意的结果。在这种策略下，双方相应的报酬可以用如下公式计算：

$$P_{g2} = w_1 \times (S_p - Z_p) + w_2 \times L_s \tag{6.19}$$

$$P_{f2} = v_1 \times Z_p \tag{6.20}$$

式（6.19）和式（6.20）中，各参数意义同式（6.17）和式（6.18）。

第三种策略，地方政府采用不合法手段强制剥夺农民的土地，因为这样的强制征收会破坏农民的日常生活并侵犯他们的权益，农民会对政府征地进行反抗。在这种情况下，农民会采取各种方式保护他们的权益，如向更高级行政机关寻求帮助或者将此类行为向媒体曝光。这些方法在保障农民权益的同时也能帮助双方最终达成一致。但是，双方都需要为冲突付出代价。换句话说，政府不仅不能成功地获取土地而且还要给农民额外的补偿，而农民也要为保护权益作出一些牺牲。但农民还是能继续拥有他们的土地，并从农业生产活动中获得收益。在此策略下，双方的报酬可分别按以下公式计算：

$$P_{g3} = w_3 \times (-C_r) \tag{6.21}$$

$$P_{f3} = v_1 \times I_p + v_2 \times (-C_r) \tag{6.22}$$

$$I_p = \frac{\partial}{\gamma}\left[1 - \frac{1}{(1+\gamma)^n}\right] \tag{6.23}$$

式（6.21）～式（6.23）中，∂ 和 γ 分别代表单位农用地的产值和定期存款利率；n 是土地产权的固定年份数；I_p 是农民从其农业生产活动中可以获得的收益，通过收益还原法计算；其他参数意义同上。

第四种策略，政府强制征收农民的土地，而农民选择放弃他们的土地，从政府手中得到不太令人满意的补偿。在此策略下，双方的报酬分别计算如下：

$$P_{g4} = w_1 \times (S_p - f_4 \times Z_p) + w_2 \times L_s \tag{6.24}$$

$$P_{f4} = v_1 \times f_4 \times Z_p \tag{6.25}$$

式（6.24）和式（6.25）中，f_4 是农民选择与政府对抗的补偿系数；其他参数意义同上。S_p，Z_p，L_s，C_r，I_p 的原始值将通过极值法进行标准化到［0，1］的区间上，使分析中变量间具有可比性。基于这些规则，图6.4展示了政府和农民的报酬矩阵。

		农民：合作 β	农民：反抗 $1-\beta$
政府	从农民手中合法征地 α	政府以无征地风险的方式获得土地（Pg_2，Pf_2）	政府获得土地，但也需为农民反抗付出代价（Pg_1，Pf_1）
	从农民手中非法征地 $1-\alpha$	政府获得土地，农民获得少量报酬（Pg_4，Pf_4）	政府放弃征地（Pg_3，Pf_3）

Pg_x：在第x（x=1, 2, 3, 4）种策略下政府的收益　　Pf_x：在第x（x=1, 2, 3, 4）种策略下农民的收益

图6.4　农民与政府在征地之中的博弈矩阵

该博弈可以求得其纳什均衡。纳什均衡假设某一特定策略对所有博弈者来说可能不是一个绝对的最优解策略，但却是当前环境下大家各自最优的策略，也就是说任何一个博弈者在当前环境下都不可能选择其他最优策略（Samsura et al.，2010）。对于一个静态博弈而言，纯战略纳什均衡在现实生活中存在的几率较少，而混合策略纳什均衡更有可能出现在现实生活中的静态博弈之中，纯战略纳什均衡是混合策略纳什均衡的一种特例。为了求得城市土地开发过程中政府与农民静态博弈中的混合战略纳什均衡，我们采用常见的等效支付法来为每个博弈找寻最佳解决方案。假设政府从农民手中征用土地的可能性为α，而农民愿意配合政府征地的可能性为β。如果某种策略被农民认为是最好的解决方案，即农民与政府的行为一致时，即可得到下式：

$$\beta \times p_{g2} + (1-\beta) \times p_{g1} = \beta \times p_{g4} + (1-\beta) \times p_{g3} \tag{6.26}$$

通过合并式（6.17）、式（6.19）、式（6.21）和式（6.24）可以得出：

$$\beta = \frac{p_{g3} - p_{g1}}{p_{g2} + p_{g3} - p_{g1} - p_{g4}} = \frac{w_1 f_1 Z_p - w_1 S_p - w_2 L_s}{(w_1 f_1 + w_1 f_4 - w_1) Z_p - w_1 S_p - w_2 L_s} \tag{6.27}$$

这表明农民的最佳策略是以$\beta(\beta = \frac{w_1 f_1 Z_p - w_1 S_p - w_2 L_s}{(w_1 f_1 + w_1 f_4 - w_1) Z_p - w_1 S_p - w_2 L_s})$的概率在与政府合作和与政府对抗之间进行随机选择，此时无论政府何种选择，其报酬都相同。

相似地，如果某种策略被政府认为是最好的解决方案，即政府与农民的行为一致时，即可得到下式：

$$\alpha \times p_{f2} + (1-\alpha) \times p_{f4} = \alpha \times p_{f1} + (1-\alpha) \times p_{f3} \tag{6.28}$$

通过合并式（6.18）和式（6.20）、式（6.22）和式（6.24）可以得出：

$$\alpha = \frac{p_{f3} - p_{f4}}{p_{f2} + p_{f3} - p_{f4} - p_{f1}} = \frac{v_1 I_p - v_1 f_4 Z_p - v_2 C_r}{(v_1 - v_1 f_1) Z_p + v_1 I_p - v_1 f_4 Z_p} \tag{6.29}$$

这表明政府的最优策略是以$\alpha(\alpha = \frac{v_1 I_p - v_1 f_4 Z_p - v_2 C_r}{(v_1 - v_1 f_1) Z_p + v_1 I_p - v_1 f_4 Z_p})$的概率在合法征地和与非法征地之间进行随机选择，此时无论农民何种选择，农民的报酬都相同。

式（6.27）和式（6.29）可以用于建立反应函数曲线，显示政府和农民所有的最佳策略（见图6.5）。

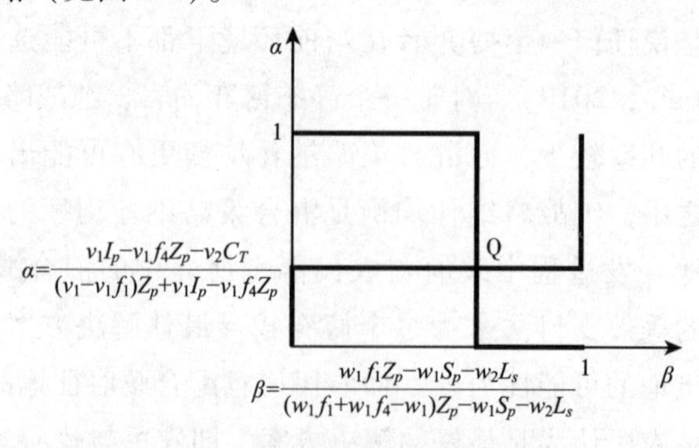

图6.5　农民与政府博弈的反应曲线

图6.5显示，当政府合法征地的可能性大于$\frac{v_1 I_p - v_1 f_4 Z_p - v_2 C_r}{(v_1 - v_1 f_1) Z_p + v_1 I_p - v_1 f_4 Z_p}$时，农民的最佳选择是与政府合作；相反，当政府合法征地的可能性小于$\frac{v_1 I_p - v_1 f_4 Z_p - v_2 C_r}{(v_1 - v_1 f_1) Z_p + v_1 I_p - v_1 f_4 Z_p}$时，农民的最佳选择则是与政府抗争。与此类似，当农民愿意与政府合作的可能性大于$\frac{w_1 f_1 Z_p - w_1 S_p - w_2 L_s}{(w_1 f_1 + w_1 f_4 - w_1) Z_p - w_1 S_p - w_2 L_s}$时，政府的最佳选择是合法征地；相反，当农民愿意与政府合作的可能性小于$\frac{w_1 f_1 Z_p - w_1 S_p - w_2 L_s}{(w_1 f_1 + w_1 f_4 - w_1) Z_p - w_1 S_p - w_2 L_s}$时，政府的最佳选择是强制征地。因此，对于政府，其混合策略NE是以$\alpha = \frac{v_1 I_p - v_1 f_4 Z_p - v_2 C_r}{(v_1 - v_1 f_1) Z_p + v_1 I_p - v_1 f_4 Z_p}$的概率征收土地，而对于农民，其混合策略NE是以$\beta = \frac{w_1 f_1 Z_p - w_1 S_p - w_2 L_s}{(w_1 f_1 + w_1 f_4 - w_1) Z_p - w_1 S_p - w_2 L_s}$的概率与政府合作。当一个非城市元胞的混合策略远离政府强制征地策略或农民反抗政府的策略，即当$\frac{v_1 I_p - v_1 f_4 Z_p - v_2 C_r}{(v_1 - v_1 f_1) Z_p + v_1 I_p - v_1 f_4 Z_p} < 0.5$和$\frac{w_1 f_1 Z_p - w_1 S_p - w_2 L_s}{(w_1 f_1 + w_1 f_4 - w_1) Z_p - w_1 S_p - w_2 L_s} < 0.5$均为非时，这个元胞将被认为是城市扩张的候选区域。

模型运行后，每个非城市元胞都将进行上述博弈测试。测试中，那些混合决策NE中$\alpha < 0.5$和$\beta < 0.5$均为非的元胞将形成一个区域，这个区域即被称为“城市扩张候选区域”。基于上述博弈规则，我们建立了一个静态博弈模型来反映土地征收的博弈过程（见图6.4）。

6.2.2 居民的住房选址行为

城市居民的住房选址行为会受到多种因素的影响，如房价、交通可达性、公共基础设施和周围的环境等（Li and Liu，2007；张文忠，2001）。居民的行为会产生或是增加对住房、交通、公共基础设施的需求，从而增加城市扩张。居民通常对住房位置有自己的偏好。在ABM模拟中通常用效用论来评价这种偏好（Li and Liu，2007；Robinson et al.，2012；Jokar Arsanjani et al.，2013）。我们通过计算影响居民住房选址的因素的效用来量化这种居民偏好。

基于上述博弈模型产生的“城市扩张候选区域”，居民会对这些候选区域中包含的所有元胞进行效用评价，从而作出选择。

居民往往是根据自身偏好选择合适的住所。每种类型的主体都会展现其独特的偏好。基于他们的收入水平，我们将居民主体分为低收入、中等收入和高收入三类群体。居民在评价住房位置的效用时一般会考虑到市中心的距离、交通便捷度、公共基础设施完善度、周围的环境和房价等几大因素。不同等级的道路网可能会对城市扩张产生不同的影响。离道路网距离近的元胞比离道路网远的元胞更容易开发。与西方发达国家的居民出行高度依赖于汽车不同，中国的居民为了出行方便，大多倾向于住在离商业中心、学校、医院等公共基础设施近的地方。所有这些因素都与距离相关或成比例。因此，可以采用距离衰减函数来定义位置的效用（Li and Liu，2007）。道路可达性和城市中心可达性的效用可以根据下式计算：

$$U_a = \frac{1}{3} \times e^{-\beta_1 D_{lr}} + \frac{1}{3} \times e^{-\beta_2 D_{hr}} + \frac{1}{3} \times e^{-\beta_3 D_{cc}} \tag{6.30}$$

式（6.30）中，U_a 是道路可达性和城市中心可达性的效用分值；D_{lr}，D_{hr} 和D_{cc} 分别表示距离低等级道路、高等级道路和城市中心的距离；β_1，β_2 和β_3 分别是D_{lr}，D_{hr} 和D_{cc} 三个变量的衰减系数。

每个居民会根据他们到学校、医院和商业中心的距离评价基础设施效用。离基础设施近的地方为居民提供了更多便捷性。因此，公共基础设施的效用可以根据下式计算：

$$U_p = \frac{1}{3} \times e^{-\varphi_1 D_s} + \frac{1}{3} \times e^{-\varphi_2 D_{hs}} + \frac{1}{3} \times e^{-\varphi_3 D_{cmc}} \tag{6.31}$$

式（6.31）中，U_p是公共基础设施的效用分值；D_s，D_{hs}和D_{cmc}分别表示距离学校、医院和商业中心的距离；φ_1，φ_2和φ_3分别是D_s，D_{hs}和D_{cmc}三个变量的衰减系数。

一个舒适的居住环境也是居民选择住房地址的重要因素。我们在评价环境舒适度时主要考虑了房屋距河流的距离和距绿色开敞空间的距离两个因素。类似地，周围环境的效用可以根据下式计算：

$$U_e = \frac{1}{2} \times e^{-\mu_1 D_g} + \frac{1}{2} \times e^{-\mu_2 D_r} \tag{6.32}$$

式（6.32）中，U_e 是周围环境的效用分值；D_g 和D_r 分别表示距绿色开敞空间的距离和距河流的距离；μ_1 和 μ_2 是 D_g 和 D_r 两个变量的衰减系数。

价格是另一个影响居民选择住房地址的重要因素。不同收入水平的居民在购买房产时会有不同的选择。总体而言，较低的房价会吸引更多低收入人群，而较高的房价则更容易吸引较高收入的人群。基于以上规则，每个元胞单元的总分值可以根据下式计算：

$$U_{os} = w_4 U_a + w_5 U_b + w_6 U_e + w_7 U_p \tag{6.33}$$

式（6.33）中，U_{os} 是城市扩张候选区域中非城市元胞的总分值，w_4，w_5，w_6 和 w_7 分别是 U_a，U_b，U_e 和 U_p 的权重。

6.2.3 邻域的影响

许多研究都认为非城市元胞周围城市用地的比例是决定该区域是否开发的重要因素之一（Luo and Wei，2009；Liu and Zhou，2005；Müller et al.，2010；Li et al.，2013）。因此，周围城市用地较多的区域具有较高的被开发可能性。我们在一个 3×3 的窗口中量化非城市元胞的邻域影响。如果一个非城市元胞邻域范围内城市建设用地的比例小于50%，那么该元胞不会被转为城市用地。

6.2.4 城市扩张需求预测

城市扩张模拟必须考虑从非城市用地转为城市用地的总元胞数量（Torrens，2006）。未来城市用地的数量可以通过两种方法来预测，分别是马尔科夫链模型和统计外推法（Jokar Arsanjani et al.，2013）。本章将采用马尔科夫链模型，基于历史样本数据，建立转移概率矩阵和转移面积矩阵预测未来城市用地总需求。转移概率矩阵用来表示其他土地利用类型转换为城市用地类型的概率，转移面积矩阵则用来表示某种土地利用类型向其他土地利用类型转换的面积。

6.2.5 SCGABM 模拟流程

在利用博弈论模型生成城市扩张的候选区域之后，我们再来决定哪个元胞最终将被转变为城市用地。SCGABM 在一个 30m×30m 的格网化的表面上运行。三种类型的居民分别根据他们每一时间的最高效用分值以一个固定的比例移动到城市扩张的候选区域中。例如，如果低收入、中等收入和高收入居民的人数比例为1∶3∶1，那么每次只有5个居民（1个低收入居民、3个中等收入居民和1个高收入居民）同时选择住址。基于他们的效用评价分值和所受邻域的影响，每类居民每次都会按以下步骤选择最终住址：

（1）利用式（6.33）计算候选城市扩张区域中每个元胞上居民的效用分值，然后对这些分值进行降序排序。

（2）开始 for 循环 对于每个备选区域的元胞：如果元胞的效用分值最大且其领域作用分值大于50%；此元胞将转换为城市用地并加入最终转换区域。与此同时，该元胞将被标记其位置信息，并记录移入此元胞的主体类型；清除此元胞的效用分值；结束 if 语句；结束 for 循环。

（3）如果所选元胞的总量满足6.2.4中预测的总量，那么便得到了目标年的模拟结果；反之，再重复步骤（2）。

（4）将模拟结果与真实的土地利用分类图对比，评价模拟的精度，包括生产者精度、用户精度、总精度和 Kappa 系数。

（5）如果精度满足要求，继而利用相同的方法模拟未来的城市扩张情景。

6.3　基于 ABM-CA 模型的城市扩张模拟实例

6.3.1　模拟所用数据

本章所使用的数据包括 Landsat MSS/TM/ETM+卫星遥感数据，地形图数据以及统计调查的社会经济数据等（见表6.4）。首先对遥感图像进行几何精纠正，误差在1个象元以内，然后对不同时相的图像进行简易标准化处理，并进行图像增强，采用最大似然法进行监督分类，获取2000~2013年武汉市城镇建设用地的空间扩展图形信息，以此为基准采用多时相连续对比法，获取其他年份的相关数据，通过1∶10000地形图以及实地调查进行核查。将武汉市2014年6月的210个新盘房价样点在 ArcGIS10.0 中采用 Voronoi 图生成最终房价分布图。将武汉市不同土地利用类型按照专家打分法赋予的最终规划分值。地价采用武汉市各区国土局发布的基准地价，土地开发成本通过问卷调查获得，根据式（6.6）计算的征地冲突概率图，最终利用支付效用公式计算各种策略下不同主体的支付效用分值。

表 6.4　　城市扩张模拟所用数据清单

数据类型	数据名称	时间	数据来源
空间数据	Landsat TM，ETM +，OLI_TIRS_L1T 遥感影像	2000 ~ 2013	美国地理信息调查局
	武汉市基础设施点分布	2003，2012	武汉市国土资源和规划局
	武汉市城市总体规划和土地利用总体规划	1997 ~ 2010，2010 ~ 2020	武汉市国土资源和规划局
属性数据	基准地价数据（住宅用地）	2011/08	武汉市国土资源和规划局
	房价数据	2014/06	安居客网站（http：//wuhan. anjuke. com/）

6.3.2　模型参数率定

1. CA 中的相关系数

采用式 6.2 估计 1993 ~ 2003 年和 2003 ~ 2023 年 CA 中的系数。5 个空间变量（*dcitycenter*，*dsubcenter*，*dmajoroad*，*dbridge* 和 *dyangtzeR*）分别从 1993 ~ 2003 年和 2003 ~ 2013 年的遥感影像中采样获得。逻辑回归的结果见表 6.5。逻辑回归的结果表明 5 个空间变量能很好解释城市扩张的原因，其中到城市中心、区中心、主要道路和长江的距离对城市扩张有负的影响，高程和到长江大桥的距离对城市扩张有正的影响。

2003 ~ 2013 年城市用地增长的总数量（ΔS）从遥感影像上解译而来。2003 ~ 2013 年模型迭代的总次数由 ΔS 决定。模型首先根据以上规则进行迭代，当城市用地增长面积达到 ΔS 时，kappa 系数为 0.7531，总迭代次数为 57 次。2013 ~ 2023 年城市增长用地根据以上迭代规则、迭代总次数及 2013 年城市用地的实际形态来最终确定。

表 6.5　　　　逻辑回归参数结果

变量	1993～2003 年					2003～2013 年				
	B	标准差	Wald 统计量	p 值	Exp(B)	B	标准差	Wald 统计量	p 值	Exp(B)
dcitycenter	-0.507	0.034	226.479	0.000	0.602	-0.420	0.029	214.837	0.000	0.657
dsubcenter	-0.386	0.025	234.780	0.000	0.680	-0.302	0.022	183.341	0.000	0.739
dbridge	0.457	0.039	134.772	0.000	1.580	0.354	0.027	168.470	0.000	1.425
dmajoroad	-0.530	0.078	46.332	0.000	0.589	-0.440	0.057	59.219	0.000	0.644
dyangtzeR	-0.146	0.021	49.108	0.000	0.864	-0.178	0.016	127.847	0.000	0.837
Constant	7.107	0.280	646.019	0.000	1220.981	7.046	0.277	648.680	0.000	1148.770
-2 Log likelihood：2091.864；Cox & Snell R^2：0.578；Nagelkerke R^2：0.771						2 Log likelihood：2376.709；Cox & Snell R^2：0.547；Nagelkerke R^2：0.730				
PCP[a]：90.9						PCP[a]：88.4				
a：PCP with cut value 0.5						a：PCP with cut value 0.5				

2. 多主体中的权重

为了获取多主体中各主体对元胞转换概率影响的权重，100 份、50 份和 50 份问卷调查分别在农民、房产开发商和政府工作人员中举行。将问卷调查反馈的结果进行统计分析分别形成各主体在城市用地转换中决策能力的权重。问卷调查结果表明，尽管不同职业的人员对三组主体给出的权重不尽相同，但总体方向趋于一致。因此这些反馈结果比较可信，能用于主体的权重分配之中。表 6.6 为各权重最终的标准差和平均值，各权重的平均值作为最终的权重参数。

表 6.6　　　　主体中参数的权重

指标	w_1	w_2	w_3	w_4	w_5	v_1	v_2
标准差	0.10	0.07	0.09	0.05	0.05	0.02	0.03
均值	0.70	0.15	0.15	0.29	0.71	0.46	0.61

6.3.3 模型精度比较

为了评估复合模型对城市扩张模拟精度的改进，用同样的数据以纯 Logistic-CA 模型对武汉市 2003 ~ 2013 年的城市用地扩张进行模拟。表 6.7 显示了两个模型最终的模拟精度对比。从表 6.7 中可以看出主体间动态博弈模型相对于纯 Logistic-CA 模型可以显著提高城市扩张模拟的精度。主体间动态博弈模型模拟的城市用地生产者精度相对于纯 Logistic-CA 模型模拟的城市用地的生产者精度能提高 6.59%。对于非城市用地元胞而言，由主体间动态博弈模型模拟的使用者精度相对于纯 Logistic-CA 模型模拟的使用者精度也能提高 5.81%。由主体间动态博弈模型模拟的综合精度比纯 Logistic-CA 模型模拟的综合精度高 2.36%，Kappa 系数高 4.51%（见表 6.7）。

表 6.7　　纯 Logistic-CA 模型与主体间动态博弈模型模拟精度对比

模型	参考数据			模拟精度（%）			
	像元类型	城市	非城市	生产者精度	使用者精度	整体精度	Kappa 系数
纯 Logistic CA 模型	城市	353037	69399	83.41	83.57	85.65	70.80
	非城市	70243	480542	87.38	87.25		
基于动态博弈的 ABM-CA 模型	城市	343942	78494	90.00	81.42	88.01	75.31
	非城市	38231	512554	86.72	93.06		

6.3.4　模拟结果

在模型运行之前，以 2003 年武汉市城市建设用地和 1993 ~ 2003 年获取的转换规则模拟 2013 年武汉市城市建设用地空间分布，并将其与 2013 年武汉市实际城市建设用地分布进行对比，选取 Kappa 系数定量地反映模型运行的模拟结果（Han et al.，2009；Jokar Arsanjani et al.，2013；Pontius，2000）。模型模拟的精度 kappa 系数达到 0.7531，表明该复合模型能较好地用于城市扩张模拟。以 2003 ~ 2013 年获取的转换规则及 2013 年武汉市中心城区实际城市建设用地模拟了 2023 年武汉市中心城区城市用地空间扩张形态。模拟结果显示：到 2023 年武汉市中心城区城市建设用地将要达到 442.77km^2，几乎是 2003 年的 2 倍。对于城市用地空间增长分布而言，大部分新增城市用地主要以内填式和边缘扩张式分布在已有城市用地内部和边缘，少量新增建设用地零星分布在外延地区。

6.4 基于 SCGABM 模型的城市扩张模拟实例

6.4.1 模拟所用数据

江夏区的土地利用信息数据主要从 2003 年和 2013 年无云的 Landsat 影像上获取，并在 30m 的空间分辨率和 UTM-WGS 1984 Zone 39N 坐标系中通过最近邻居算法进行纠正。影像具体的分类方法见本书第 1 章 1.4 节。土地利用规划数据、公共基础设施点数据和其他社会经济数据均来源于武汉市国土资源与规划部门。所有的社会经济数据都在 ArcGIS 9.3 平台下被转换为栅格格式的数据。土地利用图也都在 ArcGIS 9.3 平台下转换为了二值图，只包括城市用地和非城市用地两类。

6.4.2 模型参数率定

ABM 模型中参数的精度与模拟结果相近。在 ABM 模拟中，以往研究通常采用敏感性分析方法或者用历史数据校准的方法对模型参数进行调整（Li and Liu，2007；Perez and Dragicevic，2012）。在 SCGABM 中，所涉及的参数主要包括博弈论模型的权重、居民的权重和距离衰减系数。然而，这些参数很难通过上述两种方法决定。因此，在专家打分法的基础上，采用层次分析法来确定该模型的参数。博弈论模型中 w_1，w_2，w_3，v_1，和v_2的值最终分别确定为 0.63、0.17、0.2、0.80 和 0.20。表 6.8 展示了每种类型居民的权重值。

表 6.8　　SCGABM 中各种类型居民的权重

居民类型	w_4	w_5	w_6	w_7	一致性比率（CR）
高收入居民	0.14841	0.22498	0.51412	0.11249	0.04677 <0.1
中等收入居民	0.32381	0.19567	0.23449	0.24604	0.01540 <0.1
低收入居民	0.17005	0.13850	0.07683	0.61463	0.00687 <0.1

鉴于发生在城市用地和公共基础设施上的社会经济活动之间的联系主要是通过道路连接起来的，因此，假设 6 个距离衰减指数可以取相同的值，即

$\varphi_1=\varphi_2=\varphi_3=\mu_1=\mu_2=\beta_1$。$\beta_1$、$\beta_2$、$\beta_3$可以基于交通流进行评价，越大的交通流其系数越小（Li and Liu，2007）。根据黎夏和刘小平的方法，并利用从2012年武汉统计年鉴上获取的人口、道路长度和高速公路长度数据，计算得到不同等级道路的距离衰减系数分别为$\beta_1=0.00100$，$\beta_2=0.000571$，$\beta_3=0.000263$。

6.4.3 精度评价

最终由居民选址模型对静态博弈模型模拟的待选区域进行筛选，当目标年城市用地数量达到马尔科夫链预测确定的2003～2013年城市用地需求量后，模型模拟终止，最终确定2013年城市扩张格局。结果显示，将近412.21km^2的非城市用地将从候选区域中剔除，最后保留的183.14km^2的非城市建设区域将在2003～2013年被开发为城市建设用地。表6.9对比了模拟出的2013年江夏区城市景观与2013年江夏区实际城市景观。SCGABM模拟的总精度和Kappa系数分别为90.41%和85.24%，表明SCGABM能够成功用于江夏区未来城市扩张模拟之中。

表6.9　SCGABM模拟的城市景观与从2013年遥感影像中提取的真实城市景观间的误差矩阵

类型	城市用地（平方千米）	非城市用地（平方千米）	生产者精度（%）	使用者精度（%）	总体精度（%）	Kappa系数（%）
城市用地	107286	16773	86.48	89.73	90.41	85.24
非城市用地	12279	497934				

6.4.4 模拟结果

利用6.2.1中所描述的等效回报法，计算出江夏区农民和政府间静态博弈的混合策略NE的概率面。结果显示，政府以大于0.5的概率进行合法征地的土地面积预计为231.05km^2，而政府以大于0.5的概率获得农民合作的土地面积预计为586.57km^2。总体而言，政府与农民博弈出的城市扩张候选区域总面积为595.35km^2。

以2013年江夏区的城市景观为初始数据，利用SCGABM模拟了江夏区2013~2023年的城市扩张。模拟结果显示，到2023年，江夏区的城市用地总面积将达到375.19km²，大多数的扩张都发生在现有城市用地的周围。

6.5 城市扩张模拟结果空间分析

对武汉市中心城区城市扩张模拟显示，到2023年，将有1441.07公顷的农田转换为城市建设用地，这些将要被转换为城市用地的农田主要分布在汉阳区的西南边缘区和洪山区的南部区域（见表6.10）。除此之外，将近有244公顷的林草地、524.87公顷的水域和4.15公顷的裸地预计到2023年也将转换为城市建设用地。对于武汉市中心城区而言，未来多数城市扩张都将在汉阳区和洪山区发生。西北部区域到2013年几乎已经完全转换为城市用地，因此未来武汉市中心城区的城市扩张只能沿着洪山区和汉阳区的边缘进行，或者以内填式侵占中心城区的部分裸地和水域。对模拟2023年武汉市城市景观与2013年武汉市城市景观对比结果显示，武汉市中心城区城市用地景观到2023年破碎度将会有所增加，聚集度相应降低，斑块形状指数也从17.92下降到17.75。这表明随着社会经济的发展，城市用地面积在不断扩张的同时，城市景观格局趋于破碎化，同时斑块形状复杂度有所降低。对江夏区的模拟结果显示，到2023年，江夏区的城市用地仍将持续增加，预计会达到375.19km²，而农地、林地和水域等生态用地的面积将持续减少，其中农田减少预计达到14657.11公顷，林草地预计减少6637.75公顷，水域预计减少7103.12公顷，裸地预计减少1472.56公顷。从空间分布来看，江夏区未来大部分城市扩张将主要发生在纸坊街道办事处南部和北部区域，以及刘芳街道办事处的东南部区域。除此之外，金口街道办事处和豹澥镇周边也将有大量生态用地转换为城市建设用地。从城市景观形态变化来看（见表6.11），到2023年，江夏区城市用地斑块破碎度有大幅度的减小，聚集度有较大幅度上升，同时形状复杂度也有明显降低。这表明江夏区的城市用地扩张在2013~2023年正处于聚合阶段，城市扩张类型以外延型和内填式为主，新增建设用地斑块将此前较为破碎的城市用地零星斑块逐渐聚合在一起形成较为完整的城市景观。但无论是武汉市中心城区还是江夏区，在未来的10年之中，如果不以提高存量建设用地集约利用度应对未来社会经济发展对城市用地的需求，那么未来的城市扩张都将占用城市周边大量的农田、水域等生态用地，这会在一定程度上对城市周边生态环境保护造成不小的压力。因此，未来武汉市和江夏区的城市规划需要重点保护被模拟城市区域侵占的水域和城市周边绿地。

表 6.10　　武汉市中心城区和江夏区模拟 2023 年城市扩张侵占其他地类面积统计

单位：公顷

地区	农田	林草地	水域	裸地
武汉市中心城区	1441.07	244.00	524.87	4.15
江夏区	14657.11	6637.75	7103.12	1472.56

表 6.11　　武汉市中心城区和江夏区 2013 年和 2023 年城市景观形态变化

地区	年份	斑块总面积（km^2）	斑块破碎度	斑块聚集度	景观形状指数
武汉市中心城区	2013	420.63	2.28	97.39	17.92
	2023	442.77	3.41	96.96	17.75
江夏区	2013	117.84	44.42	71.36	62.77
	2023	375.19	6.17	90.75	43.41

6.6　讨论

本章利用元胞自动机和主体间动态博弈模型相结合，模拟了未来 10 年武汉市中心城区的城市扩张情况。利用逻辑回归，发现了到城市中心、城市副中心、主干道以及长江的距离对城市扩张具有负影响，而到桥的距离对城市扩张具有正影响。在影响城市扩张的这些空间驱动因子中，通过逻辑回归系数的大小可知，道路网对城市空间扩张具有最重要的影响，这与前人对中国其他城市的研究结果相似（Han et al.，2009；Luo and Wei，2009）。与此同时，本研究中所采用的空间变量对城市扩张的影响力正在随着年份的增长而逐渐减弱（逻辑回归系数绝对值逐渐减小）。蛙跳式、零星破碎式的随机增长也表明传统的城市中心对城市扩张的吸引力正在减弱。因此，从时空演变的角度来讲，影响武汉市城市扩张的空间变量因子是随时间变化而动态变化的。随着社会经济的发展及科学技术的进步，自然环境变量和以距离有关的空间驱动因子对城市扩张的影响正在逐年减弱。随着工程建造技术及道路基础设施的不断完善，小汽车的不断普及，人们的日常生活范围不再局限在靠近城市中心的地方，郊区及环境较好的远郊区逐渐成为一部分人选择居住的地方。从这个角度来讲，人们生活方式的转变、风水及对其他空间位置的偏好逐渐成为影响土地利用转换的重要影响因素，而这些影响因素往往决定着人们选择居住地点的一系列行为。因此在以后的城市扩张模拟中，需要较多关注人的行为对城市扩张的综合影响。

本章通过深入分析城市用地转换过程中人的决策行为，构建三种类型的主体群组并与元胞自动机相结合来模拟城市用地的空间自组织行为，并以武汉市中心城区 2003 ~ 2023 年城市用地扩张情景为例进行了实证研究。以博弈论为基础，详细分析了城市土地开发利用不同利益群体（三种主体群组）之间在相互博弈的过程中，如何达到在当前环境下所有博弈参与者都无法逃离，且所有参与人都能获取相对最大支付效用的均衡（子博弈精炼纳什均衡），以及这种博弈过程最终产生的集体决策行为对非城市用地向城市用地转换的影响。模拟结果显示将城市土地开发过程中各方利益群体的博弈行为考虑到城市扩张模拟模型中能显著提高城市扩张模拟的精度。将博弈论引入城市扩张模拟中的一个优点是：它能促使我们窥探非城市用地转换为城市用地背后不同利益团体的单方行为如何汇集为最终决定用地转换的复杂集体行为。随着社会经济的发展及科学技术的进步，“人—地”关系中“人”的偏好选择行为甚至比自然环境及空间阻止变量对城市扩张具有更重要的影响。在主体间动态博弈模型中，基于规划方案、地价、房价以及征地冲突的不同主体群组的优化选择行为能较好包含其中，而传统的 CA 模型恰恰缺乏对社会经济因素及“人”的决策行为的考虑。这也是将主体间动态博弈模型与 CA 模型相结合的初衷所在。这种结合使得对未来的城市扩张模拟更能捕捉未来城市空间分布的异质性。这是因为主体间动态博弈模型能去掉那些在 Logistic-CA 中满足了所有条件但在主体模型中不能满足博弈要求的非城市用地元胞。如图 6.6 中所示，根据 Logistic-CA 中的转换规则，cell（101，628）和 cell（104，633）可以转换为城市用地，但是在主体间动态博弈模型中，cell（101，628）的最终博弈结果是上述的方案 2 模式，也就是说政府主体能预测到如果农民将土地卖给开发商将其开发为城市用地会给政府带来最低的支付效用，因此政府会最终选择什么都不做，即该博弈模型最终会拒绝 cell（101，628）转换为城市用地。与此相反，对于 cell（104，633），只要它最终被开发商开发为城市用地，所有的主体都能同时获得最高的支付效用，因

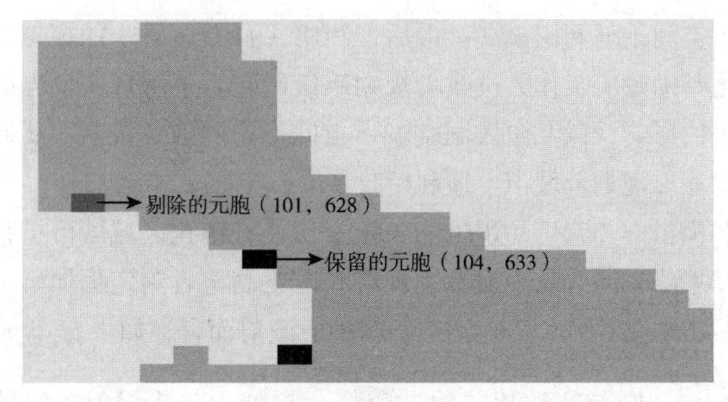

保留的元胞

行列号	支付1	支付2	支付3	支付4	支付5	支付6	支付7	支付8	支付9
104; 633	(2.1, 0, 0)	(0.6, −2.9, 0)	(0.6, 7.1, 0)	(0.6, 7.1, 0)	(3.65, 7.1, 5.32)	(3.5, 3.77, 5.32)	(2.1, 0, 0)	(2.1, 0, 0)	(3.5, 3.77, 5.32)
109; 634	(2.1, 0, 0)	(0.6, −2.9, 0)	(0.6, 7.1, 0)	(0.6, 7.1, 0)	(3.65, 7.1, 2.57)	(3.5, 1.82, 2.57)	(2.1, 0, 0)	(2.1, 0, 0)	(3.5, 1.82, 2.57)
112; 551	(2.1, 0, 0)	(0.6, −2.9, 0)	(0.6, 7.1, 0)	(0.6, 7.1, 0)	(7.15, 7.1, 5.32)	(7, 3.77, 5.32)	(2.1, 0, 0)	(2.1, 0, 0)	(7, 3.77, 5.32)
……	……	……	……	……	……	……	……	……	……

剔除的元胞

行列号	支付1	支付2	支付3	支付4	支付5	支付6	支付7	支付8	支付9
101; 628	(2.1, 0, 0)	(0.6, −2.9, 0)	(0.6, 7.1, 0)	(0.6, 7.1, 0)	(−3.35, 7.1, 5.32)	(−3.5, 3.77, 5.32)	(2.1, 0, 0)	(2.1, 0, 0)	(−3.5, 3.77, 5.32)
173; 491	(2.1, 0, 0)	(0.6, −2.9, 0)	(0.6, 7.1, 0)	(0.6, 7.1, 0)	(−3.35, 7.1, 1.80)	(−3.5, 1.28, 1.80)	(2.1, 0, 0)	(2.1, 0, 0)	(−3.5, 1.28, 1.80)
178; 486	(2.1, 0, 0)	(0.6, −2.9, 0)	(0.6, 7.1, 0)	(0.6, 7.1, 0)	(−3.35, 7.1, 1.80)	(−3.5, 1.28, 1.80)	(2.1, 0, 0)	(2.1, 0, 0)	(−3.5, 1.28, 1.80)
……	……	……	……	……	……	……	……	……	……

图 6.6 主体间动态博弈模型允许和拒绝非城市用地元胞转换为城市用地元胞实例

此，该模型会允许 cell（104，633）最终转换为城市用地。

当然，本章所创建的主体间动态博弈模型也有缺点。当前版本计算三种主体的支付效用所采用的房价和地价体系都是静态的，这与现实中房价和地价是随时动态波动的会有所不符。除此之外，城市系统是一个复杂的开放系统，驱动城市扩张的因素纷繁复杂、多种多样，而且他们之间的交流机制也是十分复杂的。为了简化模型的计算过程，当前研究假定所有主体之间的信息是完美信息，即博弈中一个参与者对其他所有参与者的行动选择有准确的了解。而这与现实世界也可能有所不符。因此，未来的研究应着重对不完全信息条件下不同利益群体之间博弈情况进行深入探索。除此之外，在计算各利益群体的支付效用时，尽量采用与现实世界较为接近的现实影响因子（如动态的房价和地价等）。

本章对于主体间动态博弈过程进行分析主要有以下三方面的作用：首先，该动态博弈模型显示了不同利益群体在城市土地开发过程中的不同利益偏好，而他们这种利益偏好是相互影响的。因此对这种博弈过程的模拟有助于政策制定者对“人”的决策行为对城市土地空间形态的形成有所了解。其次，对主体选择行为的模拟表明微观的决策行为能很好的与 CA 模型联合从而生成区域的城市空间土地利用模式。最后，利用“自上而下”的模拟方式，该模型能较好地帮助政府工作人员或者规划政策制定者了解现实世界中人的行为对城市扩张的影响，以及深入洞察城市空间形态的形成机制，从而制定出可持续发展的城市规划及城市土地利用政策。

分析和模拟博弈背后的逻辑能为探索快速城镇化区域城市扩张的社会驱动力提供新思路，同时能为城市管理者和政策制定者制定更加科学合理的政策以控制城市扩张和减少征地冲突。对地方政府而言，如果 $pf_1 > pf_2$，也就是 $f_1 > \frac{v_1 Z_p + v_2 C_r}{v_1 Z_p}$，则与征地相关的冲突将会增加。与此相似，如果 $pf_3 > pf_4$，也就是 $f_4 < \frac{v_1 I_p - v_2 C_r}{v_1 Z_p}$，那么地方政府从农民手中征得土地的难度就会增加。如果中央政府想减少地方政府和农民在土地征收过程中发生的冲突，那么在制定一个新的土地利用政策时就应当将 f_1 的值控制在小于 $\frac{v_1 Z_p + v_2 C_r}{v_1 Z_p}$ 的范围内。而且，如果中央政府想控制城市扩张，那么中央政府可以使 f_4 的值大于 $\frac{v_1 I_p - v_2 C_r}{v_1 Z_p}$，以增加地方政府征收农民土地的难度。

但是，SCGABM 仍然存在一些缺陷。首先，由于 SCGABM 模型中涉及的参数较多，因此该模型对实验数据的校准具有严格的要求；其次，模型中的土地价格、居民的选址偏好以及政府和农民的支付配置等信息都是静态的，现实世界中这些因素都是随着时间不断变化的，但由于缺少相关数据，在 SCGABM 中假定这些因素为静态因素，模拟现实世界城市土地开发过程中农民与政府之间的博弈必然存在一定的不足。因此，在未来的研究中应着重关注如何利用动态的房价和地价信息并考虑城市土地开发中主体与主体之间、主体与环境之间的反馈信息对博弈结果的影响。

第7章 研究结论与展望

7.1 研究结论

本书在梳理城市扩张相关概念与理论，城市扩张定量测度因子、城市扩张驱动因子定量回归分析以及城市扩张模拟相关方法的基础上，从13个维度构建了适用于两种不同范围的城市扩张测度指标体系；该指标体系不仅能测度城市扩张的规模、密度及形态等常用特征，还能测度城市扩张效应、城市扩张导致的区域整体均衡性、集聚性和关联性特征变化。同时本书还提出了从多尺度的角度分析城市扩张空间驱动因子的思想；将博弈论和元胞自动机相结合构建了基于动态博弈规则和静态博弈规则的城市扩张模拟模型。在借助多源遥感影像和航拍正摄影像的基础上，以武汉城市圈及其部分区域为例进行了实证研究并得出以下结论：

（1）城市扩张测度研究结果表明：最近20年，武汉城市圈城市用地空间扩张明显，城市斑块密度和城市扩张速度都呈现上升趋势，但扩张速度和密度区域内部有明显的差异，部分城市的城市用地规模增长弹性系数远高于合理值。从形态来看，城市用地斑块形态呈现破碎化、复杂化特征。在整个研究期内，武汉城市圈城市扩张外延型在4个时间段内所占比例达到60%以上，填充型次之，蛙跳型最少。武汉市城市扩张主要以外延型为主，所占百分比达到68.5%以上，蛙跳式扩张比例最少，且各个时间段内呈现较大的波动。从梯度来看，曲线斜率的绝对值逐渐降低，表明建设用地面积比例降低的幅度逐渐增大。城市边界离城市中心越来越远。从人口和土地城市化水平来看，武汉城市圈在1988~2011年，城市化水平提升明显，二者之间的协调度逐渐降低，土地城市化速度远大于人口城市化速度。从城市扩张的效应来看，武汉城市圈在1988~2011年，社会经济效应逐渐上升，而生态环境效应在一个范围内波动。其耦合效应在1998年达到最佳耦合值，随后一直处于上升状态，表明其耦合效应并未随着社会经济效应的增长而提高。从均衡度来看，土地表征的位序—规模指数表明武汉城市圈均衡度是先上升后下降，但人口表征的位序—规模指数却是越来越均衡。从集聚度来看，城市扩张强度的高高集聚和低低集聚并不明显，城市空间扩张主要围绕几个城市展开。从空间吸引力范围来看，武汉市在整个研究时间段内有着绝对的优势，这种优势在1988～1995年下降较为明显。从1995～2011年，所有城市的空间吸引力变化幅度相对较小，但吸引力整体均衡度有所提升。从关联度来看，由空间变差函数拟合的曲线表明，武汉城市圈在4个时间段内空间关联效应越来越强，大城市的辐射作用范围越来越大。本书所构建的多尺度城市扩张测度指标体系能较好地刻画城市扩张的多维特征，同时又具有可操作性和普适性，其研究结果可为城市管理者和规划者提供借鉴。

（2）在城市扩张空间驱动因子回归分析中，分别以5km格网和10km格网两个尺度建立空间回归模型，探索了武汉城市圈城市扩张和其空间驱动因子之间的关系。结果显示，城市扩张的变化在两个尺度上都具有空间自相关性，但在较小格网尺度上比较明显。因此，在分析城市扩张空间驱动因子时，有必要考虑空间自相关和尺度变化对城市扩张分析的影响。空间自回归结果显示，自然物理因子和由道路产生的不同等级空间驱动因子都对城市景观格局的变化具有重要影响，这种影响也会随着时间和尺度的变化而有所不同。在这些变量中，各个等级的道路对城市景观形状和斑块密度都有显著的影响，但铁路和高速公路对武汉城市圈城市扩张总面积的影响并不显著。

（3）在城市扩张模拟中，构建了一个既能模拟空间自组织又能模拟智能群体决策行为的城市土地利用动态演化模拟模型。对武汉市中心城区城市扩张模拟结果显示：到2023年武汉市中心城区城市建设用地将要达到442.77km^2，几乎是2003年的2倍。对于城市用地空间增长分布而言，大部分新增城市用地主要以内填式和边缘扩张式分布在已有城市用地内部和边缘，少量新增建设用地零星的分布在外延地区。将元胞自动机模型和博弈论模型相结合，既利用了其自下而上的自组织发展规律形成整体变化的特点，又能将政府、土地拥有者和城市土地开发商三者集体博弈行为纳入模型之中，提高了模型模拟精度，对武汉市2013年和2023年的城市用地空间分布模拟结果显示，模拟精度大于0.7，证明该复合模型对未来城市扩张的模拟具有较高可信性。在对武汉市郊区江夏区的城市扩张模拟中，分析了土地征收过程中农民和政府的博弈过程。结果表明：到2023年江夏区的城市用地面积有望增加到375.19km^2，从2003~2023年的年增加率约为10.9%。江夏区仍将保持快速的城市化率，而新增城市用地将主要集中在长江沿岸。总体而言，SCGABM模型能够较好地模拟快速城市增长区域的城市扩张，模型的生产者精度、用户精度、总精度和Kappa系数分别为0.84、0.84、0.90和0.85。模拟过程显示了地方政府和中央政府的土地利用政策对控制城市扩张和减少征地冲突的重要性。分析和模拟土地征收背后的博弈逻辑能为城市管理者和政策制定者制定更加科学合理的政策以控制城市扩张和减少征地冲突。

城市化在拉动内需方面具有很大的潜力，但有限的土地资源却成为中国经济发展的"瓶颈"。不断增加的城市面积也意味着大量的农用地将会被侵占。因此，政府必须严格控制基本农田数量，严格依据征地流程、遵守土地利用规划和土地管理条例。中国的快速城镇化侵占了大量的自然和半自然土地。如果不加以管制，会对当地生态环境产生严重影响。因此，找出城市扩张的空间驱动因子，并制定科学的、有针对性的土地利用政策迫在眉睫。政府通过制定因地制宜的交通路网规划来指导未来城市扩展也十分必要。总之，在现阶段，政府应该继续控制城市的无序蔓延，并将重心放在提高城市化质量和促进区域协调，区域可持续发展和城乡统筹上。由于中国许多的土地利用政策的目标间存在不一致性，政策制定者应将这些政策整合起来，形成一个清晰的土地管理政策框架，为未来制定切实可行的社会经济发展规划提供借鉴。

7.2 研究展望

对人口基数较大和人口增长速率较高的发展中国家而言，城市扩张现象在未来较长的一段时间都会存在，城市扩张研究仍然是城市地理学家未来关注的重点。城市扩张具有多维特征，其驱动因素和驱动机理十分复杂，涉及的利益主体较多，需要利用多学科的知识和多种技术手段才能科学、合理地对其进行测度与模拟。本书由于受到数据的可获取性和时间的限制性，存在着不足和一定的局限性，因此在未来的城市扩张研究中可以继续在以下几个方面进行后续研究以使其尽善尽美。这些可研究点归纳如下：

（1）城市扩张测度指数拓展研究。虽然现有城市扩张指数较多，但大部分指数都是从景观生态学中借鉴而来，只能刻画城市扩张的规模及形态变化，少数指数能识别城市扩张类型，但这些指数的生态学意义不明显，即未来需要研究能测度城市扩张对生态环境造成的影响以及城市扩张对社会经济造成的影响的新指数。与此同时，城市扩张具有多尺度性，部分指数在一个尺度上测度城市扩张有效，而在另一个尺度上不一定可行。未来可以对已有城市扩张测度指数的尺度依赖性进行实证研究。

（2）城市扩张驱动机理新理论、新方法研究。中国当前城市扩张和城市蔓延的基础理论都是从西方发达国家借鉴而来。由于中国的政治体制、历史文化以及经济发展水平与西方发达国家都存在着较大的差异，无论是新古典城市经济学理论还是规制经济学理论对当前中国快速城市化时期城市扩张机理都不能进行充分的解释。因此，有必要寻求新的理论对新时期中国不同地区城市扩张的驱动机理进行补充研究。除此之外，当前城市扩张驱动因子定量研究方法较为单一，学者们多采用相关分析、曲线拟合、多元线性回归、logistic 回归、空间自回归以及地理加权回归分析其变量对城市扩张的影响。未来可将其他学科的定量分析方法用来探索城市扩张的驱动因子。

（3）城市扩张模拟新模型创建。本书的博弈模型都是建立在完全信息基础上的，即假定政府主体、土地拥有者主体和开发商主体三者之间对信息是共通的。而现实世界中，在多数情况下，博弈主体之间往往是信息互不明确的。因此，不同主体之间不完全信息博弈行为在未来需要对其进行深入研究。同时，SCGABM 模型中涉及的参数较多，该模型对实验数据的校准具有严格的要求，如何将模型简化而又不失去模拟精度是一个值得深思的问题；另外，现实世界中的土地价格、居民选址偏好以及政府和农民的支付效用等信息都是动态的，但由于缺少相关数据，本书将这些因子作为静态因素来处理，存在一定的局限性。因此，在以后的模型中如何收集并利用时空动态数据去模拟未来城市用地形态是必然的。

参考文献

1. 卞元超，吴利华，白俊红．高铁开通是否促进了区域创新？［J］．金融研究，2019（6）：132－149.

2. 曹银贵，等．三峡库区城镇建设用地驱动因子路径分析［J］．中国人口·资源与环境，2007（3）：66－69.

3. 曾辉，夏洁，张磊．城市景观生态研究的现状与发展趋势［J］．地理科学，2003（4）：484－492.

4. 陈春，冯长春．中国建设用地增长驱动力研究［J］．中国人口·资源与环境，2010，20（10）：72－78.

5. 陈利根，等．经济发展、产业结构调整与城镇建设用地规模控制——以马鞍山市为例［J］．资源科学，2004（6）：137－144.

6. 陈睿山，蔡运龙．土地变化科学中的尺度问题与解决途径［J］．地理研究，2010，29（7）：1244－1256.

7. 陈彦光，刘继生．城市系统的异速生长关系与位序－规模法则——对Steindl模型的修正与发展［J］．地理科学，2001（5）：412－416.

8. 陈洋，李立勋，许学强．1960年代以来西方城市蔓延研究进展［J］．世界地理研究，2007（3）：29－36.

9. 程兰，等．城镇建设用地扩展类型的空间识别及其意义［J］．生态学杂志，2009，28（12）：2593－2599.

10. 崔学刚，方创琳，张蔷．山东半岛城市群高速交通优势度与土地利用效率的空间关系［J］．地理学报，2018，73（6）：1149－1161.

11. 邓涛涛，王丹丹．中国高速铁路建设加剧了“城市蔓延”吗？——来自地级城市的经验证据［J］．财经研究，2018，44（10）：125－137.

12. 方创琳，鲍超，乔标．城市化过程与生态环境效应［M］．北京：科学出版社，2008.

13. 方创琳，等．中国城市群结构体系的组成与空间分异格局［J］．地理学报，2005（5）：827－840.

14. 方创琳，关兴良. 中国城市群投入产出效率的综合测度与空间分异［J］. 地理学报，2011，66（8）：1011－1022.

15. 冯科，吴次芳，韩昊英. 国内外城市蔓延的研究进展及思考——定量测度、内在机理及调控策略［J］. 城市规划学刊，2009（2）：38－43.

16. 付玲，胡业翠，郑新奇. 基于BP神经网络的城市增长边界预测——以北京市为例［J］. 中国土地科学，2016，30（2）：22－30.

17. 高金龙，陈江龙，苏曦. 中国城市扩张态势与驱动机理研究学派综述［J］. 地理科学进展，2013，32（5）：743－754.

18. 顾朝林. 城市化的国际研究［J］. 城市规划，2003（6）：19－24.

19. 国巧真，蒋卫国，王志恒. 高速铁路对周边区域土地利用时空变化的影响［J］. 重庆交通大学学报（自然科学版），2015，34（4）：133－139.

20. 郝素秋，徐梦洁，蒋博. 南京市城市建成区扩张的时空特征与驱动力分析［J］. 广东土地科学，2009，8（5）：44－48.

21. 和艳，等. 面向空间管理的昆明城市增长边界研究——以昆明市城市增长边界划定为例［J］. 小城镇建设，2016（2）：77－82.

22. 洪世键，姚超. 高速铁路站点与城市空间演化：述评与反思［J］. 国际城市规划，2016，31（2）：84－89.

23. 胡日东，林明裕. 双重差分方法的研究动态及其在公共政策评估中的应用［J］. 财经智库，2018，3（3）：84－111，143－144.

24. 湖北省人民政府. 湖北省人民政府关于加强武汉城市圈城际铁路沿线土地综合开发的意见［Z］. http：//gkml. hubei. gov. cn/auto5472/auto5473/201307/t20130717_459288. html.

25. 湖北省人民政府. 湖北省人民政府关于推进土地管理改革促进武汉城市圈“两型”社会建设的意见［Z］. http：//gkml. hubei. gov. cn/auto5472/auto5473/201112/t20111208_159703. html.

26. 黄明华，田晓晴. 关于新版《城市规划编制办法》中城市增长边界的思考［J］. 规划师，2008（6）：13－15.

27. 黄庆旭，等. 城市扩展多尺度驱动机制分析——以北京为例［J］. 经济地理，2009，29（5）：714－721.

28. 黄亚平，陈瞻，谢来荣. 新型城镇化背景下异地城镇化的特征及趋势［J］. 城市发展研究，2011，18（8）：11－16.

29. 蒋芳，刘盛和，袁弘. 北京城市蔓延的测度与分析 [J]. 地理学报，2007 (6)：649－658.

30. 蒋华雄，蔡宏钰，孟晓晨. 高速铁路对中国城市产业结构的影响研究 [J]. 人文地理，2017, 32 (5)：132－138.

31. 靳诚，陆玉麒. 基于空间变差函数的长江三角洲经济发展差异演变研究 [J]. 地理科学，2011，31 (11)：1329－1334.

32. 李飞雪，等. 建国以来南京城市扩展研究 [J]. 自然资源学报，2007 (4)：524－535.

33. 李晓文，方精云，朴世龙. 上海城市用地扩展强度、模式及其空间分异特征 [J]. 自然资源学报，2003 (4)：412－422.

34. 刘海龙. 从无序蔓延到精明增长——美国“城市增长边界”概念述评 [J]. 城市问题，2005 (3)：67－72.

35. 刘纪远，等. 凸壳原理用于城市用地空间扩展类型识别 [J]. 地理学报，2003 (6)：885－892.

36. 刘涛，曹广忠. 城市用地扩张及驱动力研究进展 [J]. 地理科学进展，2010, 29 (8)：927－934.

37. 刘小平，等. 基于多智能体的居住区位空间选择模型 [J]. 地理学报，2010, 65 (6)：695－707.

38. 刘小平，等. 景观扩张指数及其在城市扩展分析中的应用 [J]. 地理学报，2009, 64 (12)：1430－1438.

39. 刘彦随，王介勇，郭丽英. 中国粮食生产与耕地变化的时空动态 [J]. 中国农业科学，2009, 42 (12)：4269－4274.

40. 龙瀛，韩昊英，赖世刚. 城市增长边界实施评估：分析框架及其在北京的应用 [J]. 城市规划学刊，2015 (1)：93－100.

41. 龙瀛，韩昊英，毛其智. 利用约束性CA制定城市增长边界 [J]. 地理学报，2009, 64 (8)：999－1008.

42. 鲁奇，战金艳，任国柱. 北京近百年城市用地变化与相关社会人文因素简论 [J]. 地理研究，2001 (6)：688－696，773.

43. 陆大道. 我国的城镇化进程与空间扩张 [J]. 城市规划学刊，2007 (4)：47－52.

44. 马荣华，等. 常熟市城镇用地扩展分析 [J]. 地理学报，2004 (3)：418－426.

45. 朴妍，马克明. 北京城市建成区扩张的经济驱动：1978 - 2002 [J]. 中国国土资源经济，2006 (7)：34 - 37，48.

46. 曲福田，陈江龙，陈雯. 农地非农化经济驱动机制的理论分析与实证研究 [J]. 自然资源学报，2005 (2)：231 - 241.

47. 谈明洪，李秀彬，吕昌河. 我国城市用地扩张的驱动力分析 [J]. 经济地理，2003 (5)：635 - 639.

48. 谭琦川，黄贤金. 城市土地利用与交通相互作用（LUTI）研究进展与展望 [J]. 中国土地科学，2018, 32 (7)：81 - 89.

49. 王建军，吴志强. 城镇化发展阶段划分 [J]. 地理学报，2009, 64 (2)：177 - 188.

50. 王培刚. 当前农地征用中的利益主体博弈路径分析 [J]. 农业经济问题，2007 (10)：34 - 40，111.

51. 王新生，等. 中国特大城市空间形态变化的时空特征 [J]. 地理学报，2005 (3)：392 - 400.

52. 王洋，王少剑，秦静. 中国城市土地城市化水平与进程的空间评价 [J]. 地理研究，2014, 33 (12)：2228 - 2238.

53. 王颖，顾朝林，李晓江. 中外城市增长边界研究进展 [J]. 国际城市规划，2014, 29 (4)：1 - 11.

54. 王玉国，尹小玲，李贵才. 基于土地生态适宜性评价的城市空间增长边界划定——以深汕特别合作区为例 [J]. 城市发展研究，2012, 19 (11)：76 - 82.

55. 王振波，等. 基于资源环境承载力的合肥市增长边界划定 [J]. 地理研究，2013, 32 (12)：2302 - 2311.

56. 王宗记. 城市综合承载力导向下的城市增长边界划定——以常州城市承载力规划研究为例 [J]. 江苏城市规划，2011 (5)：14 - 17.

57. 韦素琼，陈健飞. 闽台建设用地变化与工业化耦合的对比分析 [J]. 地理研究，2006 (1)：87 - 95，186.

58. 韦薇，等. 快速城市化进程中城市扩张对景观格局分异特征的影响 [J]. 生态环境学报，2011, 20 (1)：7 - 12.

59. 吴志强，等. 中国城镇化的科学理性支撑关键——科技部“十一五”科技支撑项目《城镇化与村镇建设动态监测关键技术》综述 [J]. 城市规划学刊，2011 (4)：1 - 9.

60. 吴智刚，周素红. 快速城市化地区城市土地开发模式比较分析 [J].

中国土地科学，2006（1）：27－33.

61. 夏叡，李云梅，李尉尉．无锡市城市扩张的空间特征及驱动力分析［J］．长江流域资源与环境，2009，18（12）：1109－1114.

62. 肖池伟，等．基于城市空间扩张与人口增长协调性的高铁新城研究［J］．自然资源学报，2016，31（9）：1440－1451.

63. 徐康，等．基于水文效应的城市增长边界的确定——以镇江新民洲为例［J］．地理科学，2013，33（8）：979－985.

64. 许闻博，王兴平．高铁站点地区空间开发特征研究——基于京沪高铁沿线案例的实证分析［J］．城市规划学刊，2016（1）：72－79.

65. 许学强，周一星，宁越敏．城市地理学［M］．北京：高等教育出版社中，1997.

66. 许学强，周一星，宁越敏．城市地理学（第二版）［M］．北京：高等教育出版社，2009.

67. 许彦曦，陈凤，濮励杰．城市空间扩展与城市土地利用扩展的研究进展［J］．经济地理，2007（2）：296－301.

68. 杨永春，等．1949年以来兰州城市资本密度空间变化及其机制［J］．地理学报，2009，64（2）：189－201.

69. 杨振山，蔡建明，文辉．郑州市2001～2007年城市扩张过程中城市用地景观特征分析［J］．地理科学，2010，30（4）：600－605.

70. 叶耀先．中国城镇化态势分析和可持续城镇化政策建议［J］．中国人口·资源与环境，2006（3）：5－11.

71. 张金兰，等．基于景观生态学的广州城镇建设用地扩张模式分析［J］．生态环境学报，2010，19（2）：410－414.

72. 张俊凤，徐梦洁．城市扩张用地效益评价与耦合关系研究——以南京市为例［J］．南京农业大学学报（社会科学版），2010，10（3）：63－69.

73. 张坤．城市蔓延度量方法综述［J］．国际城市规划，2007（2）：67－71.

74. 张明志，余东华，孙媛媛．高铁开通对城市人口分布格局的重塑效应研究［J］．中国人口科学，2018（5）：94－108，128.

75. 张维迎．博弈论与信息经济学［M］．上海：上海人民出版社，2004.

76. 张伟，等．基于反馈机制的城市扩张模拟研究进展［J］．地理与地理信息科学，2012，28（2）：70－75.

77. 张文忠．城市居民住宅区位选择的因子分析［J］．地理科学进展，

2001 (3): 267 - 274.

78. 张学勇，沈体艳，周小虎. 城市空间增长边界形成机制研究 [J]. 规划师，2012, 28 (3): 28 - 34.

79. 张占录. 北京市城市用地扩张驱动力分析 [J]. 经济地理，2009, 29 (7): 1182 - 1185.

80. 赵可，张安录，李平. 城市建设用地扩张的驱动力——基于省际面板数据的分析 [J]. 自然资源学报，2011, 26 (8): 1323 - 1332.

81. 郑新奇，付梅臣. 景观格局空间分析技术及其应用 [M]. 北京：科学出版社，2010.

82. 中华人民共和国国土资源部. 国土资源部关于贯彻落实《国务院关于促进节约集约用地的通知》的通知 [Z]. http: //www.mlr.gov.cn/tdzt/zdxc/qt/mfx/bjzl/201010/t20101027_789048.htm.

83. 中华人民共和国国务院. 国务院办公厅关于印发《省级政府耕地保护责任目标考核办法》的通知 [Z]. http: //www.gov.cn/zwgk/2005 - 11/11/content_96045.htm.

84. 中华人民共和国国务院. 国务院办公厅关于严格执行有关农村集体建设用地法律和政策的通知 [Z]. http: //www.gov.cn/zwgk/2008 - 01/08/content_852399.htm.

85. 中华人民共和国国务院. 国务院关于促进中部地区崛起"十三五"规划的批复 [Z]. http: //www.gov.cn/zhengce/content/2016 - 12/23/content_5151840.htm.

86. 钟珊，等. 基于空间适宜性评价和人口承载力的贵溪市中心城区城市开发边界的划定 [J]. 自然资源学报，2018, 33 (5): 801 - 812.

87. 周锐，等. 基于生态安全格局的城市增长边界划定——以平顶山新区为例 [J]. 城市规划学刊，2014 (4): 57 - 63.

88. 周玉龙，等. 高铁对城市地价的影响及其机制研究——来自微观土地交易的证据 [J]. 中国工业经济，2018 (5): 118 - 136.

89. 祝仲文，莫滨，谢芙蓉. 基于土地生态适宜性评价的城市空间增长边界划定——以防城港市为例 [J]. 规划师，2009, 25 (11): 40 - 44.

90. Aguilera, F., Valenzuela, L. M. and Botequilha-Leitão, A., Landscape metrics in the analysis of urban land use patterns: A case study in a Spanish metropolitan area. Landscape and Urban Planning, 2011. 99 (3): 226 - 238.

91. Alberti, M., The Effects of Urban Patterns on Ecosystem Function. International Regional Science Review, 2005. 28 (2): 168 - 192.

92. Alonso, W., Location and Land Use: Toward a General Theory of Land Rent. Economic Geography, 1964. 42 (3).

93. An, L., Modeling human decisions in coupled human and natural systems: Review of agent-based models. Ecological Modelling, 2012. 229: 25 - 36.

94. Angel, S., Parent, J. and Civco, D., Urban sprawl metrics: an analysis of global urban expansion using GIS, In Proceedings of ASPRS 2007 Annual Conference, Tampa, Florida. 2007.

95. Anselin, L., In Spatial econometrics: Methods and models (Vol. 4). 1988. Springer.

96. Anthony, J., Do State Growth Management Regulations Reduce Sprawl? Urban Affairs Review, 2004. 39 (3): 376 - 397.

97. Barredo, J. I., et al., Modelling dynamic spatial processes: simulation of urban future scenarios through cellular automata. Landscape and Urban Planning, 2003. 64 (3): 145 - 160.

98. Batisani, N. and Yarnal, B., Urban expansion in Centre County, Pennsylvania: Spatial dynamics and landscape transformations. Applied Geography, 2009. 29 (2): 235 - 249.

99. Batty, M., Xie, Y. and Sun, Z., Modeling urban dynamics through GIS-based cellular automata. Computers, Environment and Urban Systems, 1999. 23 (3): 205 - 233.

100. Benenson, I., Omer, I. and Hatna, E., Entity-Based Modeling of Urban Residential Dynamics: The Case of Yaffo, Tel Aviv. Environment and Planning B: Planning and Design, 2002. 29 (4): 491 - 512.

101. Bhatta B, Saraswati S, Bandyopadhyay D., Urban sprawl measurement from remote sensing data. Applied Geography, 2010a. 30 (4): 731 - 740.

102. Bhatta, B., Saraswati, S. and Bandyopadhyay, D., Quantifying the degree-of-freedom, degree-of-sprawl, and degree-of-goodness of urban growth from remote sensing data. Applied Geography, 2010b. 30 (1): 96 - 111.

103. Blumenfeld, H., The Tidal Wave of Metropolitan Expansion. Journal of the American Institute of Planners, 1954. 20 (1): 3 - 14.

104. Botequilha Leitão, A. and Ahern, J., Applying landscape ecological concepts and metrics in sustainable landscape planning. Landscape and Urban Planning, 2002. 59 (2): 65 - 93.

105. Braimoh, A. K. and Onishi, T., Spatial determinants of urban land use change in Lagos, Nigeria. Land Use Policy, 2007. 24 (2): 502 - 515.

106. Brueckner, J. K. and Fansler, D. A., The Economics of Urban Sprawl: Theory and Evidence on the Spatial Sizes of Cities. The Review of Economics and Statistics, 1983. 65 (3): 479 - 482.

107. Brueckner, J. K., Chapter 20 The structure of urban equilibria: A unified treatment of the muth-mills model, in Handbook of Regional and Urban Economics. 1987, Elsevier. 821 - 845.

108. Brueckner, J. K., Urban Sprawl: Diagnosis and Remedies. International Regional Science Review, 2000. 23 (2): 160 - 171.

109. Burchell, R. W. and Galley, C. C., Projecting Incidence and Costs of Sprawl in the United States. Transportation Research Record, 2003. 1831 (1): 150 - 157.

110. Camagni, R., Gibelli, M. C. and Rigamonti, P., Urban mobility and urban form: the social and environmental costs of different patterns of urban expansion. Ecological Economics, 2002. 40 (2): 199 - 216.

111. Cao, J. et al., Accessibility impacts of China's high-speed rail network. Journal of Transport Geography, 2013. 28: 12 - 21.

112. Carruthers, J. I. and Ulfarsson, G. F., Urban Sprawl and the Cost of Public Services. Environment and Planning B: Planning and Design, 2003. 30 (4): 503 - 522.

113. Catalán, B., Saurí, D. and Serra, P., Urban sprawl in the Mediterranean?: Patterns of growth and change in the Barcelona Metropolitan Region 1993 - 2000. Landscape and Urban Planning, 2008. 85 (3): 174 - 184.

114. Chen, M., Liu, W. and Tao, X., Evolution and assessment on China's urbanization 1960 - 2010: Under-urbanization or over-urbanization? Habitat International, 2013. 38: 25 - 33.

115. Chen, Z. and Haynes, K. E., Impact of high-speed rail on regional economic disparity in China. Journal of Transport Geography, 2017. 65: 80 - 91.

116. Cheng, J. and Masser, I. , Urban growth pattern modeling: a case study of Wuhan city, PR China. Landscape and Urban Planning, 2003. 62 (4): 199 - 217.

117. Cheng, Y. S. , Loo, B. P. Y. and Vickerman, R. , High-speed rail networks, economic integration and regional specialisation in China and Europe. Travel Behaviour and Society, 2015. 2 (1): 1 - 14.

118. Cole, J. P. , Study of Major and Minor Civil Divisions in Political Geography, in the 20th International Geographical Congress. 1964: Sheffield.

119. Converse, P. D. , New Laws of Retail Gravitation. Journal of Marketing, 1949. 14 (3): 379 - 384.

120. Couch, C. and Karecha, J. , Controlling urban sprawl: Some experiences from Liverpool. Cities, 2006. 23 (5): 353 - 363.

121. Crooks, A. T. , Exploring Cities Using Agent-Based Models and GIS. (CASA Working Papers 109). 2006, Centre for Advanced Spatial Analysis (UCL), UCL (University College London), Centre for Advanced Spatial Analysis (UCL): London, UK.

122. Dendoncker, N. , Rounsevell, M. and Bogaert, P. , Spatial analysis and modelling of land use distributions in Belgium. Computers, Environment and Urban Systems, 2007. 31 (2): 188 - 205.

123. Deng, J. S. , et al. , Spatio-temporal dynamics and evolution of land use change and landscape pattern in response to rapid urbanization. Landscape and Urban Planning, 2009. 92 (3): 187 - 198.

124. Devisch, O. , Should Planners Start Playing Computer Games? Arguments from SimCity and Second Life. Planning Theory & Practice, 2008. 9 (2): 209 - 226.

125. Dewan, A. M. and Yamaguchi, Y. , Land use and land cover change in Greater Dhaka, Bangladesh: Using remote sensing to promote sustainable urbanization. Applied Geography, 2009. 29 (3): 390 - 401.

126. Ding, C. , Land policy reform in China: assessment and prospects. Land Use Policy, 2003. 20 (2): 109 - 120.

127. Ding, C. , Policy and praxis of land acquisition in China. Land Use Policy, 2007. 24 (1): 1 - 13.

128. Du, N., Ottens, H. and Sliuzas, R., Spatial impact of urban expansion on surface water bodies—A case study of Wuhan, China. Landscape and Urban Planning, 2010. 94 (3): 175 - 185.

129. Dubovyk, O., Sliuzas, R. and Flacke, J., Spatio-temporal modelling of informal settlement development in Sancaktepe district, Istanbul, Turkey. ISPRS Journal of Photogrammetry and Remote Sensing, 2011. 66 (2): 235 - 246.

130. Dytham, C. and Forman, R., Land Mosaics: The Ecology of Landscapes and Regions. The Journal of Ecology, 1996. 84: 787.

131. El Nasser, H. and Overberg, P., Wide Open Spaces: The USA TODAY Sprawl Index. 2001; Available from: https://usatoday30.usatoday.com/news/sprawl/main.htm.

132. Ewing, R., Is Los Angeles-Style Sprawl Desirable? Journal of the American Planning Association, 1997. 63 (1): 107 - 126.

133. Ewing, R., Pendall, R. and Chen, D., Measuring sprawl and its impact. 2002; Available from: http://173.254.17.127/documents/MeasuringSprawlTechnical.pdf.

134. Ewing, R. H., Characteristics, Causes, and Effects of Sprawl: A Literature Review, in Urban Ecology: An International Perspective on the Interaction Between Humans and Nature, J. M. Marzluff, et al., Editors. 2008, Springer US: Boston, MA. 519 - 535.

135. Fan, F. et al., Evaluating the Temporal and Spatial Urban Expansion Patterns of Guangzhou from 1979 to 2003 by Remote Sensing and GIS Methods. International Journal of Geographical Information Science, 2009. 23 (11): 1371 - 1388.

136. Feng, Y. et al., Modeling dynamic urban growth using cellular automata and particle swarm optimization rules. Landscape and Urban Planning, 2011. 102 (3): 188 - 196.

137. Fischel, W., A Property Rights Approach to Municipal Zoning. Land Economics, 1978. 54 (1): 64 - 81.

138. Fischel, W., The Homevoter Hypothesis: How Home Values Influence Local Government Taxation, School Finance, and Land-Use Policies. Land Economics, 2002. 78.

139. Form, W. H., The Place of Social Structure in the Determination of

Land Use: Some Implications for a Theory of Urban Ecology. Social Forces, 1954. 32 (4): 317 -323.

140. Fragkias, M. and Seto, K. C., Evolving rank-size distributions of intra-metropolitan urban clusters in South China. Computers, Environment and Urban Systems, 2009. 33 (3): 189 -199.

141. Fulton, W. et al., Who Sprawls Most? How Growth Patterns Differ Across the U. S. 2001.

142. Galster, G. et al., Wrestling Sprawl to the Ground: Defining and Measuring an Elusive Concept. Housing Policy Debate, 2001. 12 (4): 681 -717.

143. García, A. M. et al., A comparative analysis of cellular automata models for simulation of small urban areas in Galicia, NW Spain. Computers, Environment and Urban Systems, 2012. 36 (4): 291 -301.

144. Geng, B., Bao, H. and Liang, Y., A study of the effect of a high-speed rail station on spatial variations in housing price based on the hedonic model. Habitat International, 2015. 49: 333 -339.

145. Gennaio, M. P., Hersperger, A. M. and Bürgi, M., Containing urban sprawl—Evaluating effectiveness of urban growth boundaries set by the Swiss Land Use Plan. Land Use Policy, 2009. 26 (2): 224 -232.

146. Geshkov, M. V. and DeSalvo, J. S., The effect of land-use controls on the spatial size of u. s. urbanized areas. Journal of Regional Science, 2012. 52 (4): 648 -675.

147. Getis, A. and Ord, J. K., The Analysis of Spatial Association by Use of Distance Statistics, in Perspectives on Spatial Data Analysis, L. Anselin and S. J. Rey, Editors. 2010, Springer Berlin Heidelberg: Berlin, Heidelberg. 127 -145.

148. Glaeser, E. L. and Kahn, M. E., Decentralized Employment and the Transformation of the American City. Brookings-Wharton Papers on Urban Affairs, 2001. 2001: 1 -63.

149. Goodman, D. S. G., The Campaign to "Open Up the West": National, Provincial-level and Local Perspectives. The China Quarterly, 2004. 178: 317 -334.

150. Haase, D. et al., Actors and factors in land-use simulation: The challenge of urban shrinkage. Environmental Modelling & Software, 2012. 35:

92 - 103.

151. Haase, D., Lautenbach, S. and Seppelt, R., Modeling and simulating residential mobility in a shrinking city using an agent-based approach. Environmental Modelling & Software, 2010. 25 (10): 1225 - 1240.

152. Habibi, S. and Asadi, N., Causes, Results and Methods of Controlling Urban Sprawl. Procedia Engineering, 2011. 21: 133 - 141.

153. Han, H. Y. et al., Effectiveness of urban construction boundaries in Beijing: an assessment. Journal of Zhejiang University-SCIENCE A, 2009. 10 (9): 1285 - 1295.

154. Han, J. et al., Application of an integrated system dynamics and cellular automata model for urban growth assessment: A case study of Shanghai, China. Landscape and Urban Planning, 2009. 91 (3): 133 - 141.

155. Hardin, P. J., Jackson, M. W. and Otterstrom, S. M., Mapping, Measuring, and Modeling Urban Growth, in Geo-Spatial Technologies in Urban Environments: Policy, Practice, and Pixels, R. R. Jensen, J. D. Gatrell, and D. McLean, Editors. 2007, Springer Berlin Heidelberg: Berlin, Heidelberg. 141 - 176.

156. Haregeweyn, N. et al., The dynamics of urban expansion and its impacts on land use/land cover change and small-scale farmers living near the urban fringe: A case study of Bahir Dar, Ethiopia. Landscape and Urban Planning, 2012. 106 (2): 149 - 157.

157. Harvey, D., Between Space and Time: Reflections on the Geographical Imagination1. Annals of the Association of American Geographers, 1990. 80 (3): 418 - 434.

158. Harvey, R. O. and Clark, W. A. V., The Nature and Economics of Urban Sprawl. Land Economics, 1965. 41 (1): 1 - 9.

159. Hasse, J. E. Geospatial indices of urban sprawl in New Jersey. 2002; Available from: http://users.rowan.edu/~hasse/dissertation/abstract.pdf.

160. He, C. et al., Modeling the urban landscape dynamics in a megalopolitan cluster area by incorporating a gravitational field model with cellular automata. Landscape and Urban Planning, 2013. 113: 78 - 89.

161. He, Q. et al., Modeling urban growth boundary based on the evaluation

of the extension potential: A case study of Wuhan city in China. Habitat International, 2018. 72: 57 –65.

162. Herold, M., Couclelis, H. and Clarke, K. C., The role of spatial metrics in the analysis and modeling of urban land use change. Computers, Environment and Urban Systems, 2005. 29 (4): 369 –399.

163. Herold, M., Goldstein, N. C. and Clarke, K. C., The spatiotemporal form of urban growth: measurement, analysis and modeling. Remote Sensing of Environment, 2003. 86 (3): 286 –302.

164. Herold, M., Scepan, J. and Clarke, K. C., The Use of Remote Sensing and Landscape Metrics to Describe Structures and Changes in Urban Land Uses. Environment and Planning A: Economy and Space, 2002. 34 (8): 1443 –1458.

165. Hietel, E., Waldhardt, R. and Otte, A., Statistical modeling of land-cover changes based on key socio-economic indicators. Ecological Economics, 2007. 62 (3): 496 –507.

166. Hoffhine Wilson, E. et al., Development of a geospatial model to quantify, describe and map urban growth. Remote Sensing of Environment, 2003. 86 (3): 275 –285.

167. Hortas-Rico, M. and Solé-Ollé, A. Does Urban Sprawl Increase the Costs of Providing Local Public Services? Evidence from Spanish Municipalities. Urban Studies, 2010. 47 (7): 1513 –1540.

168. Hosseinali, F., Alesheikh, A. A. and Nourian, F., Agent-based modeling of urban land-use development, case study: Simulating future scenarios of Qazvin city. Cities, 2013. 31: 105 –113.

169. Hu, S. et al., Urban boundary extraction and sprawl analysis using Landsat images: A case study in Wuhan, China. Habitat International, 2015. 47: 183 –195.

170. Hui, E. C. M. and Bao, H., The logic behind conflicts in land acquisitions in contemporary China: A framework based upon game theory. Land Use Policy, 2013. 30 (1): 373 –380.

171. Inostroza, L., Baur, R. and Csaplovics, E., Urban sprawl and fragmentation in Latin America: A dynamic quantification and characterization of spatial patterns. Journal of Environmental Management, 2013. 115: 87 –97.

172. Itami, R. M., Simulating spatial dynamics: cellular automata theory. Landscape and Urban Planning, 1994. 30 (1): 27 -47.

173. Jantz, C. A. et al., Designing and implementing a regional urban modeling system using the SLEUTH cellular urban model. Computers, Environment and Urban Systems, 2010. 34 (1): 1 -16.

174. Jat, M. K., Garg, P. K. and Khare, D., Monitoring and modelling of urban sprawl using remote sensing and GIS techniques. International Journal of Applied Earth Observation and Geoinformation, 2008. 10 (1): 26 -43.

175. Ji, W. et al., Characterizing urban sprawl using multi-stage remote sensing images and landscape metrics. Computers, Environment and Urban Systems, 2006. 30 (6): 861 -879.

176. Jiao, L., Mao, L. and Liu, Y., Multi-order Landscape Expansion Index: Characterizing urban expansion dynamics. Landscape and Urban Planning, 2015. 137: 30 -39.

177. Jumba, A. and Dragićević, S., High Resolution Urban Land-use Change Modeling: Agent iCity Approach. Applied Spatial Analysis and Policy, 2012. 5 (4): 291 -315.

178. Johnson, M. P., Environmental Impacts of Urban Sprawl: A Survey of the Literature and Proposed Research Agenda. Environment and Planning A: Economy and Space, 2001. 33 (4): 717 -735.

179. Jokar Arsanjani, J., Helbich, M. and de Noronha Vaz, E., Spatiotemporal simulation of urban growth patterns using agent-based modeling: The case of Tehran. Cities, 2013. 32: 33 -42.

180. Jun, M. -J., The Effects of Portland's Urban Growth Boundary on Housing Prices. Journal of the American Planning Association, 2006. 72 (2): 239 -243.

181. Jun, M. -J., The Effects of Portland's Urban Growth Boundary on Urban Development Patterns and Commuting. Urban Studies, 2004. 41 (7): 1333 -1348.

182. Kahn, M. E., The environmental impact of suburbanization. Journal of Policy Analysis and Management, 2000. 19 (4): 569 -586.

183. Kalnay, E. and Cai, M., Impact of urbanization and land-use change on climate. Nature, 2003. 423 (6939): 528 -531.

184. Kasanko, M. et al., Are European cities becoming dispersed? A compar-

ative analysis of 15 European urban areas. Landscape and Urban Planning, 2006. 77 (1): 111 –130.

185. Ke, X. et al., Do China's high-speed-rail projects promote local economy? —New evidence from a panel data approach. China Economic Review, 2017. 44: 203 –226.

186. Kolankiewicz, L. and Beck, R., Weighing Sprawl Factors in Large U. S. Cities. 2001.

187. Kotavaara, O., Antikainen, H. and Rusanen, J., Population change and accessibility by road and rail networks: GIS and statistical approach to Finland 1970 –2007. Journal of Transport Geography, 2011. 19 (4): 926 –935.

188. Lee, C. -S., Multi-objective game-theory models for conflict analysis in reservoir watershed management. Chemosphere, 2012. 87 (6): 608 –613.

189. Lee, D. B., Requiem for Large-Scale Models. Journal of the American Institute of Planners, 1973. 39 (3): 163 –178.

190. Li, X. and Liu, X., Defining agents' behaviors to simulate complex residential development using multicriteria evaluation. Journal of Environmental Management, 2007. 85 (4): 1063 –1075.

191. Li, X. and Yeh, A. G. -O., Analyzing spatial restructuring of land use patterns in a fast growing regionusing remote sensing and GIS. Landscape and Urban Planning, 2004. 69 (4): 335 –354.

192. Li, X. and Yeh, A. G. -O., Modelling sustainable urban development by the integration of constrained cellular automata and GIS. International Journal of Geographical Information Science, 2000. 14 (2): 131 –152.

193. Li, X., Zhou, W. and Ouyang, Z., Forty years of urban expansion in Beijing: What is the relative importance of physical, socioeconomic, and neighborhood factors? Applied Geography, 2013. 38: 1 –10.

194. Li, Y. -R. et al., Local responses to macro development policies and their effects on rural system in China's mountainous regions: the case of Shuanghe Village in Sichuan Province. Journal of Mountain Science, 2013. 10 (4): 588 –608.

195. Li, Z. and Xu, H., High-speed railroads and economic geography: Evidence from Japan. Journal of Regional Science, 2018. 58 (4): 705 –727.

196. Lichtenberg, E. and Ding, C., Assessing farmland protection policy in China. Land Use Policy, 2008. 25 (1): 59 - 68.

197. Lichtenberg, E. and Ding, C., Local officials as land developers: Urban spatial expansion in China. Journal of Urban Economics, 2009. 66 (1): 57 - 64.

198. Liu, H. and Zhou, Q., Developing urban growth predictions from spatial indicators based on multi-temporal images. Computers, Environment and Urban Systems, 2005. 29 (5): 580 - 594.

199. Liu, X. et al., A new landscape index for quantifying urban expansion using multi-temporal remotely sensed data. Landscape Ecology, 2010. 25 (5): 671 - 682.

200. Liu, Y., Fang, F. and Li, Y., Key issues of land use in China and implications for policy making. Land Use Policy, 2014. 40: 6 - 12.

201. Liu, Y., Song, Y. and Arp, H. P., Examination of the relationship between urban form and urban eco-efficiency in china. Habitat International, 2012. 36 (1): 171 - 177.

202. Liu, Y., Wang, L. and Long, H., Spatio-temporal analysis of land-use conversion in the eastern coastal China during 1996 - 2005. Journal of Geographical Sciences, 2008. 18 (3): 274 - 282.

203. Long, H. and Li, T., The coupling characteristics and mechanism of farmland and rural housing land transition in China. Journal of Geographical Sciences, 2012. 22 (3): 548 - 562.

204. Long, H. et al., Accelerated restructuring in rural China fueled by 'increasing vs. decreasing balance' land-use policy for dealing with hollowed villages. Land Use Policy, 2012. 29 (1): 11 - 22.

205. Long, H. Land consolidation: An indispensable way of spatial restructuring in rural China. Journal of Geographical Sciences, 2014. 24 (2): 211 - 225.

206. Long, H., Land use policy in China: Introduction. Land Use Policy, 2014. 40: 1 - 5.

207. Lopez, R. and Hynes, H. P., Sprawl In The 1990s: Measurement, Distribution, and Trends. Urban Affairs Review, 2003. 38 (3): 325 - 355.

208. Lu, C. et al., Driving force of urban growth and regional planning: A

case study of China's Guangdong Province. Habitat International, 2013. 40: 35 - 41.

209. Luo, J. and Wei, Y. H. D., Modeling spatial variations of urban growth patterns in Chinese cities: The case of Nanjing. Landscape and Urban Planning, 2009. 91 (2): 51 - 64.

210. Ma, Y. and Xu, R. Remote sensing monitoring and driving force analysis of urban expansion in Guangzhou City, China. Habitat International, 2010. 34 (2): 228 - 235.

211. Magliocca, N. et al., An economic agent-based model of coupled housing and land markets (CHALMS). Computers Environment and Urban Systems, 2011. 35 (3): 183 - 191.

212. Matthews, R. B. et al., Agent-based land-use models: a review of applications. Landscape Ecology, 2007. 22 (10): 1447 - 1459.

213. Miller, M. D., The impacts of Atlanta's urban sprawl on forest cover and fragmentation. Applied Geography, 2012. 34: 171 - 179.

214. Millward, H., Urban containment strategies: A case-study appraisal of plans and policies in Japanese, British, and Canadian cities. Land Use Policy, 2006. 23 (4): 473 - 485.

215. Müller, K., Steinmeier, C. and Küchler, M., Urban growth along motorways in Switzerland. Landscape and Urban Planning, 2010. 98 (1): 3 - 12.

216. Nechyba, T. J. and Walsh, R. P., Urban Sprawl. Journal of Economic Perspectives, 2004. 18 (4): 177 - 200.

217. Ord, J. K. and Getis, A., Local Spatial Autocorrelation Statistics: Distributional Issues and an Application. Geographical Analysis, 1995. 27 (4): 286 - 306.

218. Overmars, K. P., de Koning, G. H. J. and Veldkamp, A., Spatial autocorrelation in multi-scale land use models. Ecological Modelling, 2003. 164 (2): 257 - 270.

219. Púez, A. and Scott, D. M., Spatial statistics for urban analysis: A review of techniques with examples. Geo Journal, 2004. 61 (1): 53 - 67.

220. Parker, D. C. and Filatova, T. A conceptual design for a bilateral agent-based land market with heterogeneous economic agents. Computers, Environment

and Urban Systems, 2008. 32 (6): 454 – 463.

221. Parker, D. C. et al. , Multi-Agent Systems for the Simulation of Land-Use and Land-Cover Change: A Review. Annals of the Association of American Geographers, 2003. 93 (2): 314 – 337.

222. Peltzman, S. , Toward a More General Theory of Regulation. The Journal of Law and Economics, 1976. 19 (2): 211 – 240.

223. Perez, L. and Dragicevic, S. , Landscape-level simulation of forest insect disturbance: Coupling swarm intelligent agents with GIS-based cellular automata model. Ecological Modelling, 2012. 231: 53 – 64.

224. Petrov, L. O. , Lavalle, C. and Kasanko, M. Urban land use scenarios for a tourist region in Europe: Applying the MOLAND model to Algarve, Portugal. Landscape and Urban Planning, 2009. 92 (1): 10 – 23.

225. Poelmans, L. and Van Rompaey, A. , Detecting and modelling spatial patterns of urban sprawl in highly fragmented areas: A case study in the Flanders-Brussels region. Landscape and Urban Planning, 2009. 93 (1): 10 – 19.

226. Pontius, R. G. , Quantification Error versus Location Error in Comparison of Categorical Maps. Photogrammetric Engineering & Remote Sensing, 2000. 66: 1011 – 1016.

227. Qi, Y. et al. , Evolving core-periphery interactions in a rapidly expanding urban landscape: The case of Beijing. Landscape Ecology, 2004. 19 (4): 375 – 388.

228. Qu, F. , Heerink, N. and Wang, W. , Land administration reform in China: Its impact on land allocation and economic development. Land Use Policy, 1995. 12 (3): 193 – 203.

229. Reilly, M. K. , O'Mara, M. P. and Seto, K. C. , From Bangalore to the Bay Area: Comparing transportation and activity accessibility as drivers of urban growth. Landscape and Urban Planning, 2009. 92 (1): 24 – 33.

230. Reilly, W. J. , Methods for the study of retail relationship. 1929: University of Texas Bulletin.

231. Riera, J. et al. , Nature, society and history in two contrasting landscapes in Wisconsin, USA: Interactions between lakes and humans during the twentieth century. Land Use Policy, 2001. 18 (1): 41 – 51.

232. Robinson, D. et al., Modelling the impacts of land system dynamics on human well-being: Using an agent-based approach to cope with data limitations in Koper, Slovenia. Computers, Environment and Urban Systems, 2012. 36 (2): 164 – 176.

233. Rushton, G. et al., Locational Analysis in Human Geography. Geographical Review, 1980. 70: 112.

234. Salvati, L., Sateriano, A. and Bajocco, S., To Grow or to Sprawl? Land Cover Relationships in a Mediterranean City Region and Implications for Land Use Management. Cities, 2013. 30: 113 – 121.

235. Samsura, D. A. A., van der Krabben, E. and van Deemen, A. M. A., A game theory approach to the analysis of land and property development processes. Land Use Policy, 2010. 27 (2): 564 – 578.

236. Santé, I. et al., Cellular automata models for the simulation of real-world urban processes: A review and analysis. Landscape and Urban Planning, 2010. 96 (2): 108 – 122.

237. Saqalli, M. et al., Simulating Rural Environmentally and Socio-Economically Constrained Multi-Activity and Multi-Decision Societies in a Low-Data Context: A Challenge Through Empirical Agent-Based Modeling. Journal of Artificial Societies and Social Simulation, 2010. 13 (2): 1 – 20.

238. Sathish Kumar, D., Arya, D. S. and Vojinovic, Z., Modeling of urban growth dynamics and its impact on surface runoff characteristics. Computers, Environment and Urban Systems, 2013. 41: 124 – 135.

239. Schneider, A. and Woodcock, C. E., Compact, Dispersed, Fragmented, Extensive? A Comparison of Urban Growth in Twenty-five Global Cities using Remotely Sensed Data, Pattern Metrics and Census Information. Urban Studies, 2008. 45 (3): 659 – 692.

240. Scott, A. J., Global City-Regions: Trends, Theory, Policy. 2001, New York: Oxford University Press.

241. Seto, K. C. and Fragkias, M., Quantifying Spatiotemporal Patterns of Urban Land-use Change in Four Cities of China with Time Series Landscape Metrics. Landscape Ecology, 2005. 20 (7): 871 – 888.

242. Seto, K. C. and Kaufmann, R. K., Modeling the Drivers of Urban Land

Use Change in the Pearl River Delta, China: Integrating Remote Sensing with Socioeconomic Data. Land Economics, 2003. 79 (1): 106 - 121.

243. Shahtahmassebi, A., et al., Implications of land use policy on impervious surface cover change in Cixi County, Zhejiang Province, China. Cities, 2014. 39: 21 - 36.

244. Shen, Y., de Abreu e Silva, J. and Martínez, L. M. Assessing High-Speed Rail's impacts on land cover change in large urban areas based on spatial mixed logit methods: a case study of Madrid Atocha railway station from 1990 to 2006. Journal of Transport Geography, 2014. 41: 184 - 196.

245. Shi, Y. et al., Characterizing growth types and analyzing growth density distribution in response to urban growth patterns in peri-urban areas of Lianyungang City. Landscape and Urban Planning, 2012. 105 (4): 425 - 433.

246. Shu, B. et al., Spatiotemporal variation analysis of driving forces of urban land spatial expansion using logistic regression: A case study of port towns in Taicang City, China. Habitat International, 2014. 43: 181 - 190.

247. Song, Y. and Knaap, G. -J., Measuring Urban Form: Is Portland Winning the War on Sprawl? Journal of the American Planning Association, 2004. 70 (2): 210 - 225.

248. Spiekermann, K. and Wegener, M., The Shrinking Continent: New Time—Space Maps of Europe. Environment and Planning B: Planning and Design, 1994. 21 (6): 653 - 673.

249. Stewart, J. Q., Demographic Gravitation: Evidence and Applications. Sociometry, 1948. 11 (1/2): 31 - 58.

250. Su, S. et al., Temporal trend and source apportionment of water pollution in different functional zones of Qiantang River, China. Water Research, 2011. 45 (4): 1781 - 1795.

251. Su, S. et al., Transformation of agricultural landscapes under rapid urbanization: A threat to sustainability in Hang-Jia-Hu region, China. Applied Geography, 2011. 31 (2): 439 - 449.

252. Su, W. et al., Measuring the impact of urban sprawl on natural landscape pattern of the Western Taihu Lake watershed, China. Landscape and Urban Planning, 2010. 95 (1): 61 - 67.

253. Sudhira, H. S. , Ramachandra, T. V. and Jagadish, K. S. , Urban sprawl: metrics, dynamics and modelling using GIS. International Journal of Applied Earth Observation and Geoinformation, 2004. 5 (1): 29 – 39.

254. Sui, D. Z. and Zeng, H. , Modeling the dynamics of landscape structure in Asia's emerging desakota regions: a case study in Shenzhen. Landscape and Urban Planning, 2001. 53 (1): 37 – 52.

255. Sun, C. et al. , Quantifying different types of urban growth and the change dynamic in Guangzhou using multi-temporal remote sensing data. International Journal of Applied Earth Observation and Geoinformation, 2013. 21: 409 – 417.

256. Sung, C. Y. and Li, M. -H. , Considering plant phenology for improving the accuracy of urban impervious surface mapping in a subtropical climate regions. International Journal of Remote Sensing, 2012. 33 (1): 261 – 275.

257. Sutton, P. C. , A scale-adjusted measure of "Urban sprawl" using nighttime satellite imagery. Remote Sensing of Environment, 2003. 86 (3): 353 – 369.

258. Tatiana, F. , Dawn, P. and Anne, v. d. V. , Agent-Based Urban Land Markets: Agent's Pricing Behavior, Land Prices and Urban Land Use Change. Journal of Artificial Societies and Social Simulation, 2009. 12 (1): 3.

259. Tayyebi, A. , Pijanowski, B. C. and Pekin, B. , Two rule-based Urban Growth Boundary Models applied to the Tehran Metropolitan Area, Iran. Applied Geography, 2011a. 31 (3): 908 – 918.

260. Tayyebi, A. , Pijanowski, B. C. and Tayyebi, A. H. , An urban growth boundary model using neural networks, GIS and radial parameterization: An application to Tehran, Iran. Landscape and Urban Planning, 2011b. 100 (1): 35 – 44.

261. Thapa, R. B. and Murayama, Y. , Drivers of urban growth in the Kathmandu valley, Nepal: Examining the efficacy of the analytic hierarchy process. Applied Geography, 2010. 30 (1): 70 – 83.

262. Thompson, A. W. and Prokopy, L. S. , Tracking urban sprawl: Using spatial data to inform farmland preservation policy. Land Use Policy, 2009. 26 (2): 194 – 202.

263. Tian, G. et al. , The urban growth, size distribution and spatio-temporal

dynamic pattern of the Yangtze River Delta megalopolitan region, China. Ecological Modelling, 2011. 222 (3): 865 –878.

264. Tiebout, C. M. , A Pure Theory of Local Expenditures. Journal of Political Economy, 1956. 64 (5): 416 –424.

265. Tobler, W. R. , A Computer Movie Simulating Urban Growth in the Detroit Region. Economic Geography, 1970. 46 (sup1): 234 –240.

266. Torrens, P. and O'Sullivan, D. , Cellular automata and urban simulation: where do we go from here? Environment and Planning B: Planning and Design, 2001. 28: 163 –168.

267. Torrens, P. M. and Alberti, M. , Measuring sprawl. 2000; Available from: https: //discovery. ucl. ac. uk/id/eprint/1370/1/paper27. pdf.

268. Torrens, P. M. Geosimulation and its Application to Urban Growth Modeling. 2006. Berlin, Heidelberg: Springer Berlin Heidelberg.

269. Torrens, P. M. , How cellular models of urban systems work (1. Theory). 2000; Available from: https: //discovery. ucl. ac. uk/id/eprint/1371/1/paper28. pdf.

270. Tsai, Y. -H. , Quantifying Urban Form: Compactness versus 'Sprawl'. Urban Studies, 2005. 42 (1): 141 –161.

271. United Nations, The Population Division of the Department of Economic and Social Affairs at the United Nations, World urbanization prospects: the 2011 revision. 2012: New York.

272. Verburg, P. H. , Simulating feedbacks in land use and land cover change models. Landscape Ecology, 2006. 21 (8): 1171 –1183.

273. Vermeiren, K. et al. , Urban growth of Kampala, Uganda: Pattern analysis and scenario development. Landscape and Urban Planning, 2012. 106 (2): 199 –206.

274. Vliet, J. V. , White, R. and Dragicevic, S. , Modeling urban growth using a variable grid cellular automaton. Computers, Environment and Urban Systems, 2009. 33 (1): 35 –43.

275. Volker C. et al. , Exploring the Spatial Relationship Between Census and Land-Cover Data. Society & Natural Resources, 2000. 13 (6): 599 –609.

276. Waddell, P. , UrbanSim: Modeling Urban Development for Land Use, Transportation, and Environmental Planning. Journal of the American Planning As-

sociation, 2002. 68 (3): 297 - 314.

277. Wassmer, R. W., The Influence of Local Urban Containment Policies and Statewide Growth Management on the Size of United States Urban Areas. Journal of Regional Science, 2006. 46 (1): 25 - 65.

278. Wheaton, W. C., A comparative static analysis of urban spatial structure. Journal of Economic Theory, 1974. 9 (2): 223 - 237.

279. White, R. and Engelen, G., High-resolution integrated modelling of the spatial dynamics of urban and regional systems. Computers, Environment and Urban Systems, 2000. 24 (5): 383 - 400.

280. White, R., Engelen, G. and Uljee, I., The Use of Constrained Cellular Automata for High-Resolution Modelling of Urban Land-Use Dynamics. Environment and Planning B: Planning and Design, 1997. 24 (3): 323 - 343.

281. Wolfram, S., Cellular automata as models of complexity. Nature, 1984. 311 (5985): 419 - 424.

282. Wu, F., Calibration of stochastic cellular automata: the application to rural-urban land conversions. International Journal of Geographical Information Science, 2002. 16 (8): 795 - 818.

283. Wu, J., Mohamed, R. and Wang, Z., Agent-based simulation of the spatial evolution of the historical population in China. Journal of Historical Geography, 2011. 37 (1): 12 - 21.

284. Wu, K. -Y. and Zhang, H., Land use dynamics, built-up land expansion patterns, and driving forces analysis of the fast-growing Hangzhou metropolitan area, eastern China (1978 - 2008). Applied Geography, 2012. 34: 137 - 145.

285. Xu, C. et al., The spatiotemporal dynamics of rapid urban growth in the Nanjing metropolitan region of China. Landscape Ecology, 2007. 22 (6): 925 - 937.

286. Ye, Y. et al., Research on the influence of site factors on the expansion of construction land in the Pearl River Delta, China: By using GIS and remote sensing. International Journal of Applied Earth Observation and Geoinformation, 2013. 21: 366 - 373.

287. Yeh, A. G. O. and Li, X., Measurement and monitoring of urban sprawl in a rapidly growing region using entropy. Photogrammetric Engineering and Remote

Sensing, 2001. 67: 83 -90.

288. Zanganeh Shahraki, S., et al., Urban sprawl pattern and land-use change detection in Yazd, Iran. Habitat International, 2011. 35 (4): 521 -528.

289. Zhang, H. et al., Modelling urban expansion using a multi agent-based model in the city of Changsha. Journal of Geographical Sciences, 2010. 20 (4): 540 -556.

290. Zhang, J. et al., Application of multi-agent models to urban expansion in medium and small cities: A case study in Fuyang City, Zhejiang Province, China. Chinese Geographical Science, 2013. 23 (6): 754 -764.

291. Zhang, Q. et al., Simulation and analysis of urban growth scenarios for the Greater Shanghai Area, China. Computers, Environment and Urban Systems, 2011. 35 (2): 126 -139.

292. Zhao, P., Managing urban growth in a transforming China: Evidence from Beijing. Land Use Policy, 2011. 28 (1): 96 -109.

293. Zhou, K. et al., Urban dynamics, landscape ecological security, and policy implications: A case study from the Wuhan area of central China. Cities, 2014. 41: 141 -153.

294. Zipf, G. K., The P1P2/D Hypothesis: On the Intercity Movement of Persons. American Sociological Review, 1946. 11 (6): 677 -686.